高土石坝地震合成输入与灾变模拟

赵梦蝶 著

中国水利水电出版社
www.waterpub.com.cn
·北京·

内 容 提 要

本书主要对地震动标准反应谱衰减指数、坝址地震动的合成方法、土石坝地震永久变形计算分析、土石坝永久变形参数反演等方面进行研究，并以紫坪铺大坝为例，重建了"5·12"汶川地震中的地震动，建立了考虑大坝-坝基-库水相互作用的模型，重现紫坪铺面板堆石坝震情，提出高土石坝在强震区的控制对策。

本书可供从事水利水电工程设计、施工和运行管理的工程技术人员参考，也可作为高等学校水利、土木、工程力学等专业本科生、研究生的教学参考书。

图书在版编目（CIP）数据

高土石坝地震合成输入与灾变模拟 / 赵梦蝶著.
北京：中国水利水电出版社，2024. 8. -- ISBN 978-7
-5226-2756-4

Ⅰ. TV641.1

中国国家版本馆CIP数据核字第2024VE4400号

书　　名	**高土石坝地震合成输入与灾变模拟** GAO TUSHIBA DIZHEN HECHENG SHURU YU ZAIBIAN MONI	
作　　者	赵梦蝶　著	
出版发行	中国水利水电出版社	
	（北京市海淀区玉渊潭南路 1 号 D 座　100038）	
	网址：www. waterpub. com. cn	
	E - mail：sales@mwr. gov. cn	
	电话：(010) 68545888（营销中心）	
经　　售	北京科水图书销售有限公司	
	电话：(010) 68545874、63202643	
	全国各地新华书店和相关出版物销售网点	
排　　版	中国水利水电出版社微机排版中心	
印　　刷	天津嘉恒印务有限公司	
规　　格	170mm×240mm　16 开本　8 印张　152 千字	
版　　次	2024 年 8 月第 1 版　2024 年 8 月第 1 次印刷	
定　　价	**49.00 元**	

凡购买我社图书，如有缺页、倒页、脱页的，本社营销中心负责调换

前言

土石坝是我国坝工建设最常用的坝型，占我国筑坝总数的 90％ 以上。围绕西部大开发、南水北调等战略需求，在我国西南、西北地区在建或拟建一批高土石坝水电项目，这些土石坝大多位于地震高烈度区，对其进行抗震安全研究具有重大的现实意义。由于在调节径流、防洪灌溉、供水和发电等方面的综合作用，高坝大库建设在国内外工程界备受重视，高坝工程技术也取得了较大的发展。目前对土石坝抗震问题的研究落后于工程实践，地震动输入作为抗震研究的前提，其精度严重影响抗震预测的可靠度。由于实际遭受灾害的高土石坝较少，缺乏强震区高土石坝实际震害资料和地震反应记录，再加上大坝非线性动力本构模型及其求解方法的理论研究尚未成熟，导致目前通过理论分析和数值模拟进行土石坝的地震响应、地震损伤模式预测难度很大，难以理清高土石坝的地震破坏过程与机理，从而影响地震作用下高土石坝抗震安全性的评价可靠度，严重制约高土石坝建设的发展。

紫坪铺大坝是紫坪铺水利枢纽工程的挡水建筑物，其坝顶高程884.00m，最大坝高156.00m，面板板趾最低建设高程728.00m，坝顶轴向全长663.77m，上游坝坡比为 1∶1.4，下游坝坡比为 1∶1.5～1∶1.4。设计洪水位871.20m，正常蓄水位877.00m，校核洪水位883.10m，地震时库水位高程828.00m，水深100.00m。该坝自建成以来，以灌溉和供水为主，兼具发电、防洪、旅游等大型综合效益。在 2008 年 5 月 12 日，汶川发生特大地震，紫坪铺大坝经受了首次考验，在经历了远高于其设计水平的 8.0 级浅源近震后大坝主体结构完整，但也产生了如大坝整体震陷、面板脱空和错台等震害现象，为面板堆石坝的抗震研究提供了极其宝贵的资料。在汶川大地震中，未能取得位于强震区的紫坪铺面板堆石坝实测强震记录，重建汶川大地震中紫坪铺大坝的地震动输入是进行震情检测的首要前提。因此，通过对西南地区地震动的人工合成，重现灾害性地震，并对高土石坝进行输入分析，进行灾害模拟研究，在为预测高土石坝在地震中的损伤模式提供支撑，提高地震作用下高土石坝抗震安全性评价的可靠性等方面具有重大的现实意义。

　　本书以"5·12"汶川地震中紫坪铺大坝为例，对紫坪铺大坝工程的地质情况和工程特性进行分析，针对地震动的合成输入，对土石坝震动响应与变形规律的影响问题、紫坪铺大坝永久变形参数反演等方面开展了研究。本书将反应谱衰减指数对高土石坝的影响进行了定量的分析，以AS07谱为参考探讨了适合不同高度土石坝设计反应谱衰减指数的取值，并在河口村水库工程设计中进行了应用；通过改进有限断层法考虑拐角频率随地震震级的增大而减小的因素，克服传统的随机有限断层法在合成地震动高频部分拟合较好而在低频部分拟合不好的缺点，消除合成地震动对子源尺寸的依赖性，采用考虑面源特性的求解方法考虑破裂模式和时序，生成了可以反映"5·12"汶川地震多次破裂、持续时间长等特征的更加精确的加速度时程，并运用该方法重建了"5·12"汶川地震中紫坪铺大坝的地震动输入；研究并提出了一种基于蜂群优化算法优化BP神经网络的土石坝地震永久变形反演分析模型，既发挥蜂群优化算法快速全局寻优能力强的优势，又体现了BP神经网络预测非线性问题精度高、泛化能力强的特点，提高了预测性能，通过该模型在紫坪铺面板堆石坝大坝永久变形参数反演中的应用，验证了该模型用于土石坝永久变形反演的可靠性，可推广到同类的反演预测中；最后，建立了考虑大坝-坝基-库水相互作用的模型，通过有限元计算得到面板和坝体震后残余竖向应变、体应变、剪应变及下游坡面的残余应变，重现了大坝的震害现象，并提出高土石坝在强震区的控制对策。

全书由华北水利水电大学赵梦蝶编写，由于编写时间紧促，本书难免有疏漏和谬误，如有不妥之处，敬请读者批评和指正。

作者

2024 年 8 月

目录

第1章 绪 论

　　我国是世界上河流最多的国家之一，在 960 万 km^2 的大地上遍布着 4.5 万余条江河，但随着经济的高速腾飞，水资源的有限性、时空分布的不均匀性等问题暴露得十分明显，水资源问题与环境问题越来越多地成为热门话题，节能减排、清洁能源以及绿色发展等理念已经被作为国家发展长期战略目标。大坝作为挡水建筑物同时兼顾着发电、灌溉、蓄水等方面的综合作用，其技术一直是国内外研究的重点。我国从 20 世纪 80 年代中期开始着重对水库大坝进行建设，尤其是混凝土面板堆石坝，其因安全性、适应性、防渗性和施工便利性等优点，受到了前所未有的重点关注。我国在设计技术、相关检测、防渗技术和在不利地质条件下建坝技术等方面取得了巨大的进步，目前已是拥有大坝数量最多的国家[1-3]。

　　水利兴则国家定，水不仅是国家稳定和经济发展的基础，也是人类赖以生存的资源。在我国，水资源时空分布呈现明显的不均匀特征，造成了经济发展不平衡的严重问题，而在合适的地方修建大坝水库则可以较好地将水资源储存起来，进而达到解决这些问题的目的。我国的金沙江、新疆和西藏的一些河流有着大量的水资源，这些都位于西南地区，这就使得西南地区成为了当前和今后水电建设的重点区域。由于大坝体型较大，对地质条件有着严格的要求，导致了对面板堆石坝的修建要求越来越高，且在西南地区由于特殊的强烈外力地质作用，形成了深厚覆盖层，常常需要在深厚覆盖层上修建面板堆石坝，同时西南与西北地区也是地震的高发区，容易诱发长周期地震动的产生。国内许多工程的经验证明，面板堆石坝凭借着良好的变形适应性和抗震稳定性的优势，能够较好地适应特殊地质条件，成为了我国西南与西北地区的挡水发电建筑物的最佳选择。目前世界闻名的高面板堆石坝有水布垭大坝（坝高 233.00m）、茨哈峡水电站大坝（坝高 257.50m）、大石峡水利枢纽工程（坝高 247.00m）等[4]。

　　全世界许多统计资料表明，面板堆石坝在不同程度的地震作用下易产生不同程度的破坏，严重的甚至发生溃坝事故[5]。我国在全球地理位置上位于环太平洋地震带和地中海—喜马拉雅地震带之间，属于地震多发国家，而位于高频高烈度的西南地区面板堆石坝数量是比较多的，加之特殊的地质构造形成的深厚覆盖层，使得深厚覆盖层上面板堆石坝的抗震性能越来越受到关注[6]。深厚覆盖层特殊的构造会在强震作用下进而诱发产生丰富的长周期地震动，如我国"5·12"汶川地震、台湾集集地震等，其地震波具有丰富的长周期地震特性；国内外学者经过研究已得出 7.0 级以上地震有可能会产生长周期地震动，覆盖层越厚，形成长周期地震动的可能性越大[7-8]。在深厚覆盖层的地质条件下，这些长周期地震动的峰值加速度会被显著放大，现有记录的典型长周期地震波大振幅、长持时的低频特性会对具有较长自振周期的结构造成严重危害，形成所谓的"双共振"，严重破坏结构，不可忽视[9]。

全球面板堆石坝的广泛推广建造带来一系列大坝安全稳定问题，其中美国的 Sheffield 坝和 Lower San Fernando 坝是堆石坝中遭地震破坏的典型案例。Sheffield 坝位于美国加利福尼亚州，于 1917 年建成，坝高 25ft❶，长 720ft，坝顶宽 20ft，总库容为 17 万 m^3，1925 年在坝体 11km 附近发生了 6.3 级地震，造成坝体中段向下游产生大规模的滑移，滑坡发生在地震结束之后。Lower San Fernando 坝于 1915 年修建完工，位于 San Fernando 山谷，坝体总长 2100ft，高142ft。在 1971 年圣费南多地震中，大坝的上游边坡发生了严重的滑坡破坏，滑坡破坏发生在地震结束之后，直接将坝高降低约 30ft，导致了 8 万人紧急疏散[10]。

我国著名的紫坪铺水电站位于四川省都江堰市与汶川县交界处，是集供水、灌溉、发电、防洪等综合效益于一身的水利工程，总库容为 11.12 亿 m^3，于2006 年投产使用，在 2008 年"5·12"汶川地震中同样受到了较为严重的损害，是世界上第一座遭受了 8.0 级地震考验的百米级面板堆石坝，地震导致了紫坪铺大坝面板开裂，钢筋裸露呈剪应力屈服状，坝体最大沉降83cm，顺河向变形最大为32cm，上游面板发生大面积脱空，厂房等其他建筑物墙体垮塌，坝体局部沉陷[11]。

现实的案例提醒我们，在大坝的抗震安全工作方面还需要提高重视程度。综上，紫坪铺大坝经受住了 8.0 级地震的考验，"5·12"汶川地震的地震动中含有丰富的长周期地震动，虽然使坝体产生了过大的沉降和水平位移，但坝体自身没有发生滑动以及渗流破坏，这不仅证实了国家一线设计人员的专业能力，更证明了面板堆石坝具有良好的抗震性能，在我国西南地区的地震频发、地质特殊的条件下，是一种可靠的选择。但目前对深 100m 及以上深厚覆盖层上面板堆石坝的研究相对较少，同时已建的面板堆石坝经受强震的实例还很少，因此，对深厚覆盖层上面板堆石坝受到长周期地震动的抗震性能开展大量深入的研究是必不可少的[12]。

---

❶　1ft=0.3048m。

1.1 高土石坝抗震研究现状及趋势

混凝土面板堆石坝（concrete face rock - fill dam）是土石坝的一种，最早起源于美国，坝体以堆石体作为主要支撑结构，覆盖于上游的混凝土面板组成其防渗结构，较为典型的面板堆石坝结构形式为面板、垫层、过渡区、主堆石区和次堆石区等。面板为保护坝体经水渗透和冲刷的第一道防线，垫层为第二道防渗线，过渡区起到使垫层与堆石区平稳过渡的作用。由于安全性能好，对环境的适应能力强，可因地制宜取材，对施工导流要求不高，可有效缩短工期，混凝土面板堆石坝非常适合在一些狭窄山谷修建，一经问世便受到了整个水利工程界的重视[13-14]。

相比于国外的混凝土面板堆石坝，我国于 1985 年迎来了面板堆石坝发展的黄金时代，开始考虑用现代技术来建造混凝土面板堆石坝。1989 年在我国湖北建设的高 95m 的西北口大坝即为开工建设的第一座混凝土面板堆石坝，这座大坝至今仍然运行良好；2008 年，水布垭水电站投产使用，大坝最大坝高 233m，一举成为国内外建成的最高面板堆石坝，被誉为国际混凝土面板堆石坝的里程碑。据统计，我国国内已建和在建的面板堆石坝约 400 座，其中坝高 30m 以上的混凝土面板堆石坝已建约 270 座，数量占全球面板堆石坝总数的一半以上。表 1.1 为我国已建和在建的高面板堆石坝的工程实例。

表 1.1　　　　　　　我国已建和在建的高面板堆石坝工程实例

坝名	所在地	建成年份	坝高/m	总库容/亿 m^3	筑坝材料
西北口	湖北	1989	95	1.6	灰岩
花山	广东	1994	80.8	0.38	花岗岩
万安溪	福建	1995	93	2.29	花岗岩
古洞口	湖北	1999	118	1.36	灰岩
白云	湖南	2001	120	0.0545	灰岩和砂岩
芹山	福建	2001	120	2.65	凝灰熔岩
高塘	广东	2002	110.8	0.25	花岗岩
引子渡	贵州	2003	129.50	5.31	灰岩
龙首二级	甘肃	2004	146.5	0.86	辉绿岩

3

续表

坝名	所在地	建成年份	坝高/m	总库容/亿 m³	筑坝材料
洪家渡	贵州	2004	179.5	49.5	砾岩
三板溪	贵州	2006	186	40.94	凝灰质砂板岩等
瓦屋山	四川	2007	138.76	6	白云岩和砂岩
水布垭	湖北	2008	233	45.8	灰岩和砂岩
潘口	湖北	2012	114	23.4	硅质岩和正片岩
江萍河	湖北	2020	219	13.66	冰碛砾岩
大石峡	新疆	在建	247		灰岩
拉哇	云南	在建	239		花岗岩

评价重大工程抗震安全性的三个关键环节是：坝址地震动输入、坝体-地基-库水体系的地震响应及体系材料的动态抗力[15]。地震动输入是抗震安全性评价的前提条件，其精确性决定抗震安全评价的可靠性，包括：①抗震设防框架，包括表征地震作用强度的物理量确定依据及其相应的可定量的功能目标；②体现地震作用的主要地震动参数，包括峰值加速度、设计反应谱、地震动历时；③地震动输入方式，包括设计地震动基准面及地基边界上的输入地震动参数和量值。

目前对面板堆石坝抗震设计问题的研究落后于工程实践，从资料记录来看，坝体的抗震有限元分析中对地震动的精确输入是研究抗震稳定和预测的前提，由于实际中因地震发生重大灾害的高土石坝很少，缺乏高地震烈度下面板堆石坝的受害资料和地震反应记录；从求解模型的理论研究来看，由于坝体及土体的非线性动力特性的复杂程度在数值模拟中不可能完美实现的制约性，其动力本构模型的理论研究还在发展的道路上，这导致对深厚覆盖层上的面板堆石坝寒区材料性质的分析只能在理想化条件下进行简化，影响面板堆石坝地震响应、损伤模式预测结果的准确性，制约了当代面板堆石坝的发展。

1.1.1　设计反应谱研究现状

地震动的特性通过振幅、频谱和持时等三个要素来描述。频谱的构成对结构反应具有重要影响，其中傅里叶谱将地震动分解为不同频率的组合，有助于描述地震动的特性；而功率谱则是描述地震动过程平均谱特性的物理量。在工程抗震设计中，反应谱是最为常用的，它描述了地震动加速度时间过程对单自由弹性体系的最大反应随体系自振特性变化的函数关系曲线，包括绝对加速度反应谱、相对速度反应谱和相对位移反应谱。这些反应谱分为地震反应谱、场地相关反应谱和抗震设计反应谱，其中地震反应谱根据实际地震中的地震动时程计算得到，形状受输入的地震动过程影响；而场地相关反应谱则根据不同场地条件获得，获取途径包括利用强震记录、人工合成地震动时程和近场强地面运动模拟；抗震设计反应谱是综合统计结果而确定的，与地震强度、场地条件和社会经济发展水平相关，是对设计地震作用的规定，具有重要的工程实践意义。

反应谱的概念是由 Biot[16] 最早提出的。反应谱通过理想化的单质点体系的反应来表现地震动特性。它的定义是：一个自振周期为 T、阻尼比为 ς 的单质点体系在地震动作用下反应 Y 的最大值随周期 T 变换的函数，当 Y 是单自由度体系的相对位移 d、相对速度 v 或绝对加速度 a 时，分别称为位移反应谱、速度反应谱或加速度反应谱。三者之间均可以由一个求得另外两个，它们之间的近似关系为

$$S_d(\varsigma,\omega) = \frac{1}{\omega} S_v(\varsigma,\omega) \tag{1.1}$$

$$S_a(\varsigma,\omega) = \omega S_v(\varsigma,\omega) \tag{1.2}$$

地震反应谱是地震工程学进展史上一个重要的里程碑。地震反应谱有效地反映了地震动的有效峰值和频谱特性，将其与结构振型分解法结合，使复杂的多自由度体系在地震作用下的反应问题大大简化，为工程结构抗震设计中考虑地震对工程结构的影响提供了定量的依据，因而地震动反应谱理论的发展为抗震设计提供了有效的手段。

1959 年 Housner[17] 给出了由 8 条实测地震反应谱计算得到的可供工程设计使用的抗震设计反应谱（设计谱）。抗震设计反应谱是以地震动加速度反应谱特性为依据，经过统计和平滑化处理得到的，计算了长滩和埃尔森特罗的地震动反应谱曲线，标志着抗震设计从传统的静力理论向更为全面的动力理论转变。但是影响地震动反应谱的因素较多又极为复杂，针对每一种具体的情况给出适宜的设计谱非常困难，所以世界各国颁布的抗震设计谱差异较大，且普遍存在大量的不确定性。19 世纪 60 年代末，Newmark 等[18] 强调反应谱应该根据地震动的不同阶段进行控制，并引入了三参数标定模型，即地震动的峰值加速度、峰值速度、峰值位移控制地震反应谱的频率；认为反应谱与地震动的峰值加速度、速度、位移分别与反应谱的高频、中频、低频段相关，建议将平均值加两倍标准差的标准反应谱作为设计依据，并对设计谱进行分段标定。

1970 年以后，随着地震观测技术和智能计算技术的发展，反应谱理论得到了广泛的应用。各国科学家都期望能在一个较长时期观测到尽量多的强震记录，

在此基础上分类细化影响设计谱的各种因素，得到各种较为稳定的设计谱。随后的美国抗震设计规范 *Uniform Building Code*（UBC）设计谱都采用分段式规范设计谱形，并进一步考虑场地对反应谱的放大效应[19]，引入近场影响系数[20]。从美国规范设计谱的发展来看，设计谱随着地震记录的不断积累而持续完善，对设计谱的研究主要集中在场地放大系数[21-23]和近场抗震设计谱[24-25]两个方面。

反应谱理论在我国的发展和应用经过了大约半个世纪的历程。1954 年中国科学院成立了土木建筑研究所，拉开了我国工程抗震研究的序幕。1958 年刘恢先[26]提出采用反应谱理论进行工程抗震设计。1959 年我国颁布了第一本抗震设计规范《地震区建筑规范（草案）》，成为世界范围内极少数采用反应谱理论进行抗震设计的国家。1965 年陈达生[27]、周锡元[28]等针对标准化加速度反应谱的特性进行研究，提出用规范反应谱表达设计谱的思想，这些研究成果在《建筑抗震设计规范（试行）》（GBJ 11—64）中被采用。陈达生[27]等随后又在对国内外不同场地加速度规范化反应谱研究的基础上，建议了设计谱的高度、特征周期等，并提出了场地分类的思想，在我国《建筑抗震设计规范》（GBJ 11—74）中得到采纳。

我国 1989 年颁布的《建筑抗震设计规范》（GBJ 11—89）充分总结了 1975 年海城地震与 1976 年唐山地震的震害教训，并借鉴国外抗震规范的经验，对反应谱的规定在《建筑抗震设计规范》（GBJ 11—74）的基础上做了比较大的修改。GBJ 11—89 中增加了场地的划分指标覆盖层厚度和剪切波速；考虑场地土的综合特征将场地类别改为四类；考虑场地地震环境对反应谱的影响，增加了按近震、远震分别进行设计的内容，反应谱的特征周期按场地类别和近远震给出；反应谱的高频段由原来的平台改为在 $0\sim0.1\mathrm{s}$ 周期范围内的上升斜直线段，平台高度改为 2.25m，不再限制反应谱的最小值，而是给出了反应谱的最大适用周期。

随着我国经济的快速发展，自振周期达几秒的长周期建筑物和各种大型结构急剧增多，研究长周期地震动设计谱以及阻尼对设计谱的影响具有重要的现实意义。然而，早期取得的地震记录大部分是模拟记录，频带宽度有限，不能满足较长周期结构的设计需要。近年来随着观测技术的发展，布设了大量的数字化强震仪，获得了大批的地震记录，观测到的宽频带、大动态范围的地震动的有效周期可长达 10s，为长周期地震动反应谱的研究打下了基础。大量学者[29-42]的研究为新规范的制定和长周期设计反应谱的形成提供了有效的参考。

《建筑抗震设计标准》（GB/T 50011—2010）将周期的范围延至 6s，长周期位移控制段按下降斜直线段处理，不仅考虑近震、远震的情况，还考虑了大震和小震的影响，在场地条件的基础上，分三组设计地震并选取相应的特征周期，增加了阻尼比对反应谱谱值影响的内容。场地分类依据覆盖层厚度和剪切波速，并适当调整了 GBJ 11—89 中四类场地的范围大小。

陈厚群[43] 在水工建筑物抗震设计规范修编的若干问题研究中提出一般水工建筑物都采用经规范化的标准设计谱，其形态主要取决于反应谱平台值、特征周期和下降段的衰减指数三个参数，对阻尼比为 5% 时反应谱平台值取为 2.5 一般已有共识，在近震的情况下，坝基为岩体的反应谱特征周期值取 0.2s 是合理的，因此在新规范修编中，着重研究影响峰值周期后反应谱曲线形态的衰减指数 γ 的取值。

2015 年，我国缺乏支持设计反应谱下降段衰减指数 γ 研究的强震记录，马宗晋等[44] 认为基于中国大陆跟北美大陆地质构造的相似性，可以借鉴美国丰富强震记录的加速度反应谱统计平均衰减关系，作为我国高坝抗震设计中确定设计反应谱系数的参考依据。陈厚群[43] 也提出依据美国开展的下一代地震动衰减关系（next generation attenuation，NGA）研究中 Abrahamson 等[45-46] 的研究结果，周期 1s 内混凝土坝规范化的标准反应谱下降段的衰减指数 γ 取 0.6 比取 0.9 更适宜。李德玉[47-48] 研究了反应谱衰减指数变化对拱坝和重力坝动力反应的影响，结果表明衰减指数变化对重力坝抗震的抗压强度影响不大，但对坝踵附近拉应力的增幅明显；衰减指数的减小对拱坝的静动综合主拉应力影响较显著，总体上来说衰减指数变化对混凝土坝的动力响应影响不大。但是土石坝坝料偏软，自振周期偏长，迟世春[49] 等研究了不同高度面板坝坝体频幅反应，得到了不同高度坝体的高反应频率带与地基的卓越频率，证明了随着筑坝高度的增加长周期段的反应谱值对其动力反应的影响较大。因此论证衰减指数的变化对高土石坝动力特性及地震反应的影响，探讨合适的设计反应谱衰减指数的取值具有一定的理论与现实意义。

综上所述，标准反应谱作为工程抗震设计的重要工具，其发展现状显示出持续进步和广泛应用的趋势。通过不断的研究和优化，在反应谱理论和应用方法方面已经取得了显著成就，但仍有许多问题需要进一步探讨和解决。未来，随着地震观测技术的提高和理论研究的深入，标准反应谱将在抗震设计中发挥更大的作用，为工程安全提供坚实保障。

1.1.2　地震动输入机制的研究现状

分析国内外的研究进展可知，近场强地震动工程预测方法主要有以下三种：确定性方法（包括理论和经验格林函数方法）、随机性方法和混合方法[50-51]。

1978 年 Hartzell[52] 提出将前震或余震记录作为经验格林函数合成主震的思想，很多地震学家对这个问题做了深入的研究，如 Irikura 等[53]、Katsanos 等[54]、Boatwright[55] 各自进一步考虑大震及小震的错位时间空间函数的差异，从而慢慢形成了一套估计强震的半经验法。由于该方法避免了解析复杂、理论烦琐的理论格林函数，许多地震学者都采用这种方法合成了近场地及远场地主震记录。该方法优点是作为经验格林函数的小震记录包含了断层上一个点源动力学破裂的复杂效应以及震源至场地间速度结构的不均匀性影响，缺点是必须要有符合要求的小震记录，且对小震记录的要求相当苛刻，选择的小震要位于将要合成大震的断层面上，例如前震和余震与大震具有相同的震源机制，小震记录的信噪比要高。如果不能在将要预测的地震震源区找到良好的小震记录，就不能运用经验格林函数方法。

随机性方法中的随机有限断层法克服了预测中对小震记录的条件的制约，扩大了可预测的范围。该方法把发震断层按一定要求、规则划分成许多个子断层，假设各个子断层为一个点源，通过研究好的破裂模式和破裂速度，求出子源破裂的时间序列，再由子源和场地之间的几何关系，求解各个子源对场地的影响的权重，将每个子源产生的加速度时程叠加得到断层破裂后在场点处引起的地震动加速度时程。此方法综合考虑了场地复杂条件、震源破裂形式及传播方式的影响，预测精度较高。

金星和刘启方[56]采用经验格林函数方法对合成断层附近的强地震动等问题展开了深入的研究。他们研究了有限断层近场地的错位模型，发现埋置深度很浅的断层近场地的地震动与震中方位角、震中距有非常密切的关联。不同的震中距及方位角的地震动迥异非常大，断层近场地的地震动随震中距的衰减变化很快。上述研究表明，断层近场地的强震空间变化异常复杂。李启成和景立平[57]对比分析了随机有限断层法和随机点源法在合成地震动加速度方面的差异，并通过试验研究论证随机有限断层法合成地震动的可靠性。卢育霞和石玉成[58]以 Boore 等改进的点源模型为前提建立横向的地震动断层模型，运用随机有限断层法预测了三危山断层发生 5.5 级、6.0 级、6.5 级地震时对莫高窟的影响；同时，对比分析计算得到的峰值加速度值与依据实测记录推导的峰值加速度衰减关系式，验证计算结果的准确性。石玉成和陈厚群等[59]认为震源模型的建立会影响预测近场地震的可行度，他们利用 Mcguire 和 Hanks 的 ω^2 模拟方法[60]，把地震加速度看成有限的带宽，震源谱采用 Brune 的 ω^2 谱[61]，并采用 Boore - Schneider 的 S 波传递函数法[62]进行地震动加速度的模拟，通过对模拟结果比较得出结论，采用随机有限断层法求解场地地震动是可行的。王海云和陶夏新[63]研究了近场强地震动预测中浅源地震的凹凸体模型特征，采用最小二乘法解决了三种凹凸体模型中不同断层类型的凹凸体各参数与矩震级及相应断层参数之间的关系式，系统地叙述了近场强震预估中浅源地震的凹凸体模型特性。王国新和史家平[64]结合了随机有限断层法和经验格林函数法，由经验格林函数法确定震源参数，由随机有限断层法计算参数并检验其合理性。王国新和史家平[65] 研究了近场强地震动合成方法，运用随机有限断层法合成沈阳地区的近场强地震动，对比合成的断层附近加速度时程与已有的采用混合有限元法计算的加速度时程，认为这一合成地震动的方法对重大工程选址以及在缺乏强震记录地区开展抗震设防工作具有重要意义。

Beresnev 和 Atkinson[66] 提出了广泛运用的静力学拐角频率合成理论。Motazedian 和 Atkinson[67] 指出了静力学拐角频率合成理论的不足，认为断层的截面积也是决定地震波频率成分的关键因素，而这是之前未考虑到的。当断层截面积较大或者地震的振幅较大时，低频成分也会更加丰富。美国地质勘探局（USGS）专家Boore[68] 采用基于静力学拐角频率的随机点源法（random point - source method）合成地震加速度时发现得到的结果能很好的模拟高频，但是对低频的模拟却并不理想。基于此研究，Motazedian 和 Atkinson[69] 提出了基于动力学拐角频率的随机有限断层法，该方法不仅能很好地模拟高频部分，对低频的处理结果也较为理想。该方法不存在静力学拐角频率合成理论中地震加速度合成结果与断层数目之间存在相关性这一矛盾，并利用对各个子源拐角频率的不同赋值，很好地表征了破裂面上地震波所存在的不平均化趋势，而且，当表达较大震动时，动力学拐角频率随破裂面增大而下降。

笔者认为，动力学拐角频率从其定义的角度考虑存在一定的不足。首先，破裂开始时的子源拐角频率具有较大值，其余子源的拐角频率数值应依次减小。Motazedian 和 Atkinson[69] 指出了破裂时存在的这一逐次降低趋势，并指出，这种趋势的原因是破裂时总能量随着破裂的进行慢慢向低频发展的这一变化过程。Somerville 等[70]、Miyake 等[71]、郑天愉等[72] 普遍认为破裂面上的凹凸体具有较大的密度，其在破裂时由于能量的迅速释放从而产生高频地震波，而且极有可能产生远高于初始值的高频能量。基于此考虑，不管是动力学拐角频率还是静力学拐角频率，在描述凹凸体对高频地震波的贡献时，都进行了人为的降低。

其次，子源的破裂是时序的，当第一个子源破裂时，其拐角频率地震矩以 M_{0ave} 来计算，其中 M_{0ave} 为平均地震矩，代表子源破裂时产生的地震能量的平均值；当第二个子源破裂时，其拐角频率地震矩用 $M_{0ave} \times N_R$ 来计算，其中 N_R 为破裂序列中的子源数量因子；当 N 个子源全部破裂时，计算式则为 $M_{0ave} \times N = M_0$，其中 M_0 为主断层地震矩。在整个计算过程中，通过分析发现，上述计算必然导致子源拐角频率的权重被人为地缩小了，即低估了拐角频率的贡献。基于此考虑，Motazedian 在上述分析中加入了权重系数 H_{ij}。然而该权重值仅仅认为所有子源辐射能相等，因此不能描述较硬断层的高频辐射能量不均匀这一现实情况。其举出了许多文献资料来说明拐角频率与断层截面积成反比的这一关系，但文献所列均为单一点源的情况。在断裂面上，当破裂面不断发展时，拐角频率也会随之下降，这一特性虽然不能作为主要的因素，但必须在子源震源谱中得到体现，从而避免估值过低和理论上的偏颇。

1.1.3 土石料永久变形参数反演研究现状

1.1.3.1 地震动永久变形研究方法

地震永久变形（残余变形）是土石坝震害的主要表现形式，也是土石坝抗震安全与稳定分析的主要内容之一。震后较大的残余变形可引起坝体裂缝、防渗失效、安全超高不足等严重后果，因此，各国学者致力于寻求评价土石坝在地震反应中的残余变形和稳定性的有效途径。

地震永久变形研究方法主要包括：①整体变形分析方法；②Newmark 的滑动体位移分析方法；③动力弹塑性分析方法。其中动力弹塑性分析方法即"真"非线性分析方法，该方法由于模型复杂、采用参数确定方法不成熟，应用范围小。目前最常用的方法是 Serff 和 Seed 等[73] 提出的整体变形分析方法，该方法以连续介质的假定为基础来考虑土体的变形，是在实验研究基础上形成的方法，本构关系通常采用等效黏弹性模型来表示。整体变形方法又可以分为等效节点法[74] 和软化模量法[75]。等效节点法基于应变势理论，将地震作用转化成单元节点上的静节点力，坝体的永久变形等效于静节点引起的坝体附加位移。软化模量法的基本点在于，静剪切模量在地震作用下降低引起永久变形，计算坝体地震前后变形差即为节点的永久变形。软化模量法适用于分析沙土和黏性土的震陷，可以描述这类土震陷的主要原因，使用方便，概念清晰，但对于土石坝，坝体材料不同于前者，震前震后的土体模量降低会引起参数的变化，难以体现土石坝实际的地震作用机理。而采用等效节点法，可以考虑不同地震波对坝体的影响，能够很好地描述饱和松散至中密砂土及软性黏土的永久变形。但要注意的是，等效节点法基于连续介质的假定，不能用于坝体开裂后的永久变形计算。

等效节点法中使用的基于应变势概念的计算模型包括谷口模型[76]、沈珠江模型[77]、水科院模型[78]。这些模型都建立在大量粗粒料试验的基础上，均能反映土体残余剪应变的一般特性，但仍存在不足，谷口模型、水科院模型需要通过大量实验测得不同土体应力状态下的参数值，参数不易确定；沈珠江模型同时考虑了土体的剪切变形和体积变形，只需要考虑 5 个确定的参数来求解不同应力状态下的永久变形，概念清晰、使用方便，所以应用最广。但是随着筑坝高度的增加，在高围压下采用沈珠江模型计算的永久变形结果距实际偏大，需要进行改进，大连理工大学的孟凡伟[79] 通过试验分析提出了适用于粗粒料永久变形分析的改进沈珠江模型。

　　寻求合理的计算模型和精确的参数是保证动力响应预测准确度的先决条件。传统的土体动力参数是通过动单剪、动三轴等室内试验或波速测试等现场试验确定的[80]。对筑坝土石料的试验是在规定的密度和应力状态等控制条件下在室内进行的，而实际坝体的填筑受施工方法、施工工艺和施工质量的影响，与室内试验的控制条件存在一定的差异。室内试验成果受设备精度影响较大，粗粒土室内试验还有颗粒材料的缩尺问题，因此室内试验得到的动力参数与土石坝坝料的实际动力参数存在差异。另外，从一些遭受过地震的土石坝现场获取了一些坝体动力反应信息，而目前这些资料大都没有得到充分利用。在抗震安全数值模拟计算中材料参数随着坝高的增加跟试验值存在着一定的误差，因此从实测资料反演材料的参数对抗震安全的数值模拟具有一定的实际意义。

1.1.3.2　岩土工程动力学反演分析的概念

　　目前，岩土工程动力学反演是国内外学者研究的热点问题之一，广泛应用于边坡工程、大坝工程、公路工程以及地震研究等诸多领域，取得了一系列成果，促进了岩土计算理论的继续发展并提高了工程应用价值。与此相比，在土石坝反演分析方面的研究工作进展相对较慢，但是随着我国在土石坝观测设备、观测技术上取得进步，以及计算机计算速度飞速发展，观测资料的获取和数据整理难度大幅降低，近年来越来越多的学者及科研机构在该领域展开了研究。

　　在岩土工程动力学问题中，正演分析为地震反应分析。建立描述岩土介质力学性状的模型，然后通过室内试验或现场试验等方法确定土体材料的模型参数，并将确定的参数和计算模型应用到具体的工程中，在给定边界条件、初始条件、动荷载输入等情况下，对土体的位移和加速度等动力响应及其内部的应力分布状况进行预测。反演分析与正演分析相反。在实际动力工程中，动荷载所引起的土体的位移及加速度反应往往可以由现场监测来得到，反演分析就是根据现场监测的位移或加速度，通过数倍分析方法推出材料的本构模型或者力学参数。二者的分析过程如图1.1所示。

图1.1　岩土工程动力学问题正演分析与反演分析过程

　　常用的岩土工程参数的反演方法为直接法[81]，将土体参数的反演问题变成优化问题。目前对静力参数反演的研究和应用较多，对动力参数反演分析的研究较少。Sica 等[82] 采用试错法反演了一座心墙堆石坝的初始剪切强度。董威信等[83] 反演了糯扎渡高心墙堆石坝的动力模型参数。朱晟等[84] 反演了紫坪铺面板堆石坝坝料的邓肯-张（Duncan - Chang）$E - B$ 模型参数，并利用"5·12"

汶川地震的实测资料采用遗传算法反演了大坝堆石料的永久变形模型参数，但在"5·12"汶川地震中，并没有取得紫坪铺大坝坝址处基岩的加速度记录，其反演方法和成果仍有待检验。田强[85] 通过正演计算得到坝体加速度反应，反演了理想面板堆石坝和心墙堆石坝坝料的最大阻尼比和最大动剪切模量参数，但由于模型均为理想坝型，应用于工程实践还需要进一步验证。

对于土石坝而言，坝体剖面等几何尺寸是已知的，坝基地震输入有些坝能测得，有的则没有测到。这种情况下，坝体动力参数的反演分析属于输入信息不明确的系统辨识问题。为了能够对反问题有一个全面的认识，下面分别从数学、力学、信息学以及系统论等角度对反问题进行理论上的描述。

1. 数学角度的描述

从数学的角度对反演概念的描述共分为以下三个步骤：

（1）优化理论。反演分析通常基于优化理论来构建目标函数。目标函数通常表示实测数据与计算结果之间的差异，例如可以是实测位移与计算位移的均方误差。通过最小化这个目标函数来寻找最优的参数组合。

（2）敏感性分析。在反演之前，通常需要对模型参数进行敏感性分析，以确定对结果影响显著的参数。这一过程涉及计算模型输出对各个参数的偏导数。通过这种方式，可以确定模型结果对哪个参数最敏感，可在后续的反演过程中对这些参数给予更多的关注。

（3）不确定性分析。由于实测数据的误差和模型的简化，反演结果存在不确定性。可以采用蒙特卡罗模拟、贝叶斯推断等数学方法来量化这种不确定性。

假设 D 为 n 维空间中的联通开区域，$x=(x_1,\cdots,x_n)$ 为变量，变量中的某个变量 x_i 代表时间或者位置，区域 D 的边界可记为 BD。那么，问题就可以描述为

$$L(u,D)=f \quad (x\in D) \tag{1.3}$$

$$M(u,D)=g \quad (x\in BD) \tag{1.4}$$

式中　L——微分算子，作用在区域 D 上；

　　　M——微分算子，作用在 BD 上；

　　　u——与介质的特性有关系的系统物理量，其分量包含描述介质特性等参数的内因以及外荷载作用等的外因；

　　　f——系统输入，一般表示控制、外力及源等外部输入作用；

　　　g——边界 BD 上的外部输入。

假定 u、f、g 属于某函数的集合，将其代入式（1.3）及式（1.4）中，均存在与某种物理背景相一致的广义解，这种求解过程就是所谓的解正问题，反

问题的提出是以正问题为基础的。

如果 u、f、g 已知，把假定的 u、f、g 代入式（1.3）和式（1.4）中，则解可以全部求出。如 u、f、g 只有部分已知，但是在区域 D 的某一个子域 D_s 上，可以测得解 Q 的部分信息，就可用这部分测量的信息求出 u、f、g 中位置的变量，使式（1.3）和式（1.4）的解不再是变化的，即可求出定解，这个过程称为反分析。

2. 力学角度的描述

从力学的角度对反演概念的描述共分为以下 4 个步骤：

（1）本构模型选择。岩土材料的力学行为通常采用复杂的本构模型如弹塑性模型、黏弹性模型等来描述。进行反演分析需要选择合适的本构模型，并确定其中的关键参数。

（2）动力方程求解。在岩土工程动力学问题中，通常需要求解动力平衡方程，如波动方程、振动方程等。这涉及数值方法如有限元法、有限差分法等的应用。

（3）确定边界条件和初始条件。准确确定边界条件（如底部固定边界、侧面自由边界等）和初始条件（如初始应力状态、初始位移等）对于反演分析的准确性至关重要。

（4）多场耦合。在某些情况下，如涉及地下水的问题，还需要考虑岩土体的渗流与力学行为的耦合，这增加了反演分析的复杂性。

一般力学问题经常用数学中的微分方程来表达，对于普遍力学问题，它的微分方程则可以统一描述如下：

$$\text{求解问题：} \quad L(u) = f(x,t) \quad [x \in \Omega, \, t \in (0, +\infty)] \tag{1.5}$$

$$\text{初始条件：} \quad I(u) = \varphi(x) \quad (x \in \Omega, \, t = 0) \tag{1.6}$$

$$\text{边界条件：} \quad B(u) = \phi(x,t) \quad [x \in \delta, \, t \in (0, +\infty)] \tag{1.7}$$

$$\text{附加条件：} \quad A(u) = k(x,t) \quad [x \in \delta, \, t \in (0, +\infty)] \tag{1.8}$$

式中　φ、ϕ、k——初始条件、边界条件和附加条件；

　L、I、B、A——微分算子。

对于力学系统，如果 u 未知，剩余都是已知的，就是正分析问题；如果 u 可以测量得到全部或者部分信息，但其余量有未知部分，就是反分析问题。

根据微分方程里未知量的不同，可以把反问题划分成模型识别问题、参数识别问题、几何识别问题、源反分析问题等。

3. 信息学角度的描述

从信息学的角度对反演概念的描述共分为以下 4 个方面：

（1）信息的获取与处理。反演分析的起点是获取关于系统的观测信息，这些信息可以看作是系统输出的一种表现形式。然而，这些观测信息往往是有限的、不完整的且可能包含噪声；信息的质量和数量直接影响反演分析的准确性和可靠性。高质量、大量的信息能够提供更丰富的系统特征，有助于更精确地推断系统的内部结构和参数。

（2）信息熵。在反演过程中，通过不断调整模型参数以减小预测值与观测值之间的差异，相当于降低了系统的不确定性，即减少了信息熵；信息熵的概念可以用于衡量反演过程中对系统认识的清晰程度。随着反演的进行，信息熵逐渐减小，表明对系统的了解逐渐加深。

（3）信息传递与编码。从观测信息到模型参数的推断过程，实际上是一种信息传递和编码的过程。观测信息经过数学处理和模型转换，被编码为关于系统内部结构和参数的信息。

（4）信息损失与误差。由于观测手段的限制和数据处理过程中的简化，必然会存在信息损失。同时，模型的不确定性和误差也会导致反演结果与真实情况之间存在偏差；为了减少信息损失和误差，需要采用合理的数据采集方法、精确的模型和有效的优化算法。

设法利用工程经验和观测资料等信息来识别系统的一些未知信息是反演分析的目的，实质上是信息传递的过程，因此为了更自然地从信息学的角度进行研究，必须统一反演分析理论的构建方法。实际系统的反演分析主要依靠数据本身来识别，用理论分析数据和观测数据在模拟计算和观测中建立反馈关系，信息是通过数据来传递的，反演分析过程利用的仅仅是数据所传递的与实际系统有关系的那部分信息。

任一系统都可以用一个参数空间 V_x 来描述，参数 $x \in (m, n)$ 的信息代表了对该参数在参数的空间中所处状态的一种认识，用该参数的密度函数 $f(x)$ 度量。参数空间 V_x 确定后，就可以确定出参数背景信息 $\mu(x) \geq 0$，则状态所代表的信息量可定义为熵：

$$I(f) = E\{\lg[f(x)/\mu(x)]\} \tag{1.9}$$

它是对参数空间内信息状态的唯一度量，进而可以经推导得到参数空间一个综合关系，即

$$g(m, n) = q(m, n) \cdot t(m, n)/\mu(m, n) \tag{1.10}$$

式中　$g(m, n)$——反演信息的状态；

　　　$q(m, n)$——外在信息的状态；

　　　$t(m, n)$——内在信息的状态；

$\mu(m，n)$——背景信息的状态。

此关系叫作反演定律，该定律表明了对未知参数中已知信息（先验信息、理论信息和观测信息）进行综合，并给出了该参数中包含较高信息量的后验信息，此综合关系具有自然而简单的形式：

后验的信息量＝先验的信息量＋理论的信息量＋观测的信息量

这个形式被唯一确定，它表明了反演分析中一个基本的信息结构，也是一个基本信息的传递形式。

4. 系统论角度的描述

从系统论的角度来看，力学反演概念分为以下 5 个方面：

（1）整体性分析。在反演分析中，系统被视为一个有机整体，而不是分离的个体组件。系统的性能和行为不仅依赖于单独的部分，更受制于各个组件之间的相互作用和整体结构的影响。反演分析关注系统内部的协同关系，有助于全面理解系统的整体特性和行为模式。

（2）复杂性解析。实际系统往往表现出高度复杂性，涉及非线性、时变性和多因素交叉作用。反演分析需要考虑这些复杂因素，构建尽可能贴近系统真实行为的模型。对于复杂系统，可能需要采用多层次、多尺度的反演方法，或者结合多种模型和技术来提高反演的准确性和适应性。

（3）系统的开放性。系统与外界环境存在物质、能量和信息的交换，这种开放性会影响系统的行为和性能。在反演分析中，需要考虑外部因素对系统的作用，以及系统对外部变化的响应。

（4）系统的动态性。系统的状态和参数可能随时间而变化，反演分析需要能够捕捉这种动态特性。例如，在岩土工程中，土体的力学性质可能会随着时间和加载条件的变化而改变。

（5）系统的反馈与控制。反演分析的结果可以为系统的优化和控制提供依据。通过反馈机制，根据反演得到的系统信息调整控制策略，以实现系统的最优性能或达到特定的目标。

人类在认识世界的过程中发现某些现象之间存在一定的因果关系。人们研究了这些客观的现象之间的联系之后，创建出解释这些因果关系的系统，系统论强调系统是由相互联系、相互作用的若干要素组成的具有特定功能的有机整体。任何系统都可以看成由输入、输出以及模型（即输入和输出之间的关系）这三个部分组成。

输入也可以称为系统外因，而模型则可以称为系统内因。但是外因与内因之间是有区别的，后者与结果之间没变化的时序关系，前者则有。由因求果，就是通常所说的正问题；而由果求因，则称为反问题。

因为工程物理系统中的变量与时间和空间分布都有关系，所以求解数学物理反问题同时也称为分布参数系统反演问题。在自然科学和工程技术不同的研究领域中，因为研究的具体问题有差异，所以建立系统、具体的表达形式也会有所差异，但是它们的基本框架都一样。根据不同研究领域问题的差异，可以建立针对具体问题的系统论模型。

例如，把岩土工程体系看成一个分布参数系统，将人们对岩土力学的研究对象的各种施工活动看成系统输入，而将土体的位移、变形、破坏等外观表现看成系统的输出。外观表现（位移、应力、应变等）可通过观测得到，施工活动也能够人为地控制，因此岩土工程的反问题通常需要反演的则是系统模型、状态参数等，实质为系统辨识问题，包括模型识别和参数识别等，如图 1.2 所示。

图 1.2 岩土工程反演分析示意图

大坝永久变形参数的反馈分析是一个多参数组合的大空间搜索问题，无法从高度关联的影响因素中剥离出相对独立的量，而采用数据拟合和函数逼近等方面能力强大的神经网络反分析方法解决岩土力学参数和位移之间的复杂非线性问题具有强大的优势。练继建、王春涛等[86] 建立 BP 神经网络模型反演了李家峡拱坝材料参数。李守巨等[87] 建立 BP 神经网络岩体渗透参数模型对岩体渗透参数反演方法及工程应用进行了研究。但是传统的神经网络存在收敛速度慢、网络对初始值敏感、容易陷入局部极小值等问题。针对这些问题，目前已有许多与神经网络结合的优化算法，目前常用的是粒子群算法、遗传算法和蚁群优化算法。石敦敦等[88] 提出综合应用实数编码的遗传算法与改进的 BP 神经网络的优化反演分析方法，并通过数值分析，探讨了该方法在应用于位移反演岩体初始应力与材料参数方面的有效性。王晨等[89] 引入一种连续的蚁群优化算法来确定多层神经网络的权值，该算法具有更强的全局搜索能力和效率，讨论了算法的基本理论和具体步骤。李国勇等[90] 利用遗传算法优化灰色神经网络模型的权阈值。康飞等[91] 利用蚁群优化算法优化 RBF 网络基函数模型参数，该模型可用于复杂问题的反演。这些优化算法本身存在缺陷，粒子群算法在迭代后期难以保持种群多样性，容易陷入局部最优解；遗传算法易早熟收敛，在迭代后期收敛速度慢；蚁群优化算法比较盲目，收敛速度慢，信息更新能力有限，容易陷入局部最优解，当问题规模增大时，算法效率低。

本书旨在探索一种适用于 BP 神经网络岩土工程参数反演模型的方法，以克服 BP 神经网络的缺陷，并验证现行的土石坝动力参数确定方法的合理性，提高土石坝地震反应分析的可靠性。

因此本书从工程抗震的角度对主要地震动参数如设计反应谱、进场地震动预测方法、土石坝永久变形分析、岩土力学参数反演等方面进行讨论研究，该研究对提高地震动输入的精确性、发掘地震震害原理、研究抗震减灾措施、发展和完善土石坝抗震分析理论和抗震设计方法具有重要的学术意义与工程实用价值。

1.2　本书的主要内容

我国的水力资源大部分集中在西部地区。随着我国经济的发展，由于地质条件的不可选择性，建在深覆盖层上的面板堆石坝会越来越多。深覆盖层深埋在地下，地质条件比较复杂，结构和级配的随机性比较大，对坝体结构动力响应的影响不容忽视。而我国处在两大地震带中间，地震比较频繁，建于深覆盖层上的面板堆石坝的抗震性能如何是人们比较关心的问题。在河谷深厚覆盖层上修建水利水电工程时，会出现一些比较突出的问题，例如渗漏、不均匀沉陷等。对不良地基特别是河谷深厚覆盖层的研究是十分必要的。

本书研究涉及地震工程学、结构动力学等多个领域，是一个多学科交叉的前沿课题。本书的研究将理论分析、工程调研、现场试验和数值模拟等手段紧密结合，对地震动输入机制与变形规律进行研究，建立有效、精确的土石坝抗震安全评价体系。针对高土石坝抗震研究存在的关键问题，本书围绕抗震设计反应谱、近场地震动预测方法、永久变形参数的反演等问题进行了深入研究：

（1）在抗震设计反应谱分析方面，重点探讨了反应谱衰减指数 γ 的取值对高土石坝动力响应的影响。反应谱长周期段的取值对坝体的影响随坝高的增加而增大，采用现行规范规定的衰减指数取值，会造成动力响应结果的高估。参考美国 NGA 研究中 Abrahamson 和 Silva 的研究成果，选取不同的 γ 值合成地震动时程。采用有限元模拟不同坝高坝体的动力响应，分析衰减指数取值变化对不同坝高土石坝的地震响应的影响，并探讨同高土石坝合适的衰减指数取值。结果表明：对于高度超过 200m 土石坝，其规范化的标准反应谱下降段的衰减指数 γ 取 0.7 比 0.9 更为合适。

（2）在近场地震动预测方法研究方面，传统的随机有限断层法都未考虑大小地震动拐角频率不同的问题，而实际中拐角频率随地震震级的增大而减小。针对上述问题，本书在震源谱模型中添加了动力学拐角频率影响因子，应用改进后的随机有限断层法合成了"5·12"汶川地震的地震动时程。

（3）研究土石坝永久变形分析的理论和方法，以基于应变势的永久变形分析为理论基础，采用 Fortran 语言编制程序，实现了土石坝永久变形分析在 Abaqus 中的模拟，为土石坝永久变形分析提供技术支持。

（4）采用人工蜂群算法，对 BP 神经网络模型的权阈值进行优化，提高了神经网络模型预测的精度和收敛的速度，并对紫坪铺永久变形参数进行了反演，采用反演的参数计算坝体的永久变形，与实测的土石坝地震永久变形记录进行对比，检验了优化过的反演模型方法的准确性，并与采用遗传算法优化的网络模型训练过程和计算结果进行对比，体现该优化方法的优势。

（5）紫坪铺混凝土面板堆石坝距离汶川地震震中 17km，在地震中经受了 8.0 级地震的考验，坝体产生了最大 100cm 的沉降和最大 60cm 的水平位移，但没有发生滑动和渗流破坏。建立紫坪铺面板堆石坝的坝体-地基-库水模型，对其在"5·12"汶川地震中的震害进行数值模拟，分析震后大坝坝体变形、面板变形错台的原因，建议改善面板应力的综合抗震对策。

第2章 地震动标准反应谱衰减指数研究及其应用

2.1 标 准 反 应 谱

标准反应谱是用于抗震设计的一种图形或数学模型，描述了在特定地震条件下，结构的加速度反应与其周期之间的关系。它通常基于大量历史地震记录和理论分析，反映了不同周期的结构在地震作用下的响应特性。标准反应谱主要用于提供设计依据，帮助工程师确定结构在地震作用下所需的抗震性能，评估特定地震事件对建筑物或其他工程结构的影响，确保其安全性和稳定性。此外，根据不同的地震区域和土壤类型，可以制定相应的标准反应谱，以满足当地抗震设计的需求。标准反应谱通常由两个主要部分构成：短周期段和长周期段，各段的形状和斜率根据地震动的特征进行设计，以确保对不同类型结构的适用性。

地震动的特性通常用地震动的振幅、频谱和持时三个要素来描述。随着震害经验的不断积累和研究的深入，人们已认识到了地震动的频谱组成对结构反应有着重要的影响。通常凡是表示一次地震中振幅与频率关系的曲线都统称为频谱，工程抗震研究中主要有傅里叶谱、功率谱和反应谱。傅里叶谱是把复杂的地震动过程分解为不同频率的组合，利用频域中的傅氏谱与时域中的地震动过程等效的关系和傅氏变换得到傅里叶幅值谱和相位谱，通过统计值来描述地震动的特性。功率谱是在频域中刻画随机过程特性的物理量，对地震动过程而言，功率谱可以通过傅氏谱得到，用于描述地震动过程的平均谱特性。在工程抗震设计中，最常用的是反应谱，对应的有绝对加速度反应谱、相对速度反应谱和相对位移反应谱。依照获取途径、表达形式和用途等方面的不同，反应谱又分为地震反应谱、场地相关反应谱和抗震设计反应谱。

早在20世纪30年代，国外学者就提出对地震反应谱的研究具有两方面意义：一是谱峰值曲线将在一定程度上反映场地土的频率特征；二是可以据此估计建筑物遭受的最大地震作用。工程应用是推动反应谱研究的源泉和动力，我国有组织的结构抗震研究开始于 20 世纪 50 年代，在 90 年代已形成较为完善和系统的涉及建筑物、构筑物及设备等的相关技术规范。一直以来，反应谱及与之相应的求解结构地震响应的振型分解反应谱法在各类结构的抗震设计中发挥着重大作用。工程中常采用抗震设计反应谱进行抗震计算，是在简单的工程场地分类下，基于大量实际地震加速度记录的加速度反应谱进行统计分析，并结合工程经验，同时综合考虑社会、经济和技术条件，反映的是场地的平均特性。根据修订的时间和专业的不同，抗震设计规范规定的设计反应谱不尽相同，主要区别体现在谱的表达形式、平台值、特征周期、衰减指数和截止周期等几个方面。

2.1.1　标准反应谱主要参数

20 世纪 80 年代末期，我国初步形成了比较完整的抗震设计标准体系，强震记录的不断增多、地震动特征研究的进展和震害经验的积累，极大地推动了我国各类工程抗震设计规范的修订。分析各时期针对构筑物、水工建筑物、铁路、公路、城市桥梁和电力设施等方面的抗震规范可以看出：对设计反应谱的相关规定基本上是借鉴相应时期施行的《建筑抗震设计标准》（GB/T 50011—2010），再依据行业特点做出调整后形成的。

按照我国抗震设计规范 GB/T 50011—2010 的规定，设计反应谱标定参数主要包括地震影响系数最大值（通常简称平台值）、第一拐点周期（通常取 0.1s）、特征周期、衰减指数、直线下降段的下降斜率调整系数及阻尼调整系数。标定参数直接影响设计反应谱标定的结果。这些参数中对设计反应谱影响较大的主要是平台值和特征周期。随着强震记录的积累，研究者对反应谱平台值和特征周期的影响因素进行了深入的探索。研究表明：影响这两个参数的主要因素有场地条件、震级、震中距和断层距等。

《水工建筑物抗震设计标准》（GB 51247—2018）中设计反应谱用动力放大系数谱 β 表示，根据场地类别和结构自振周期确定，规定设计反应谱下限值的代表值应不小于其最大值的代表值的 20%。Ⅳ类场地的特征周期分别为 0.2s、0.3s、0.4s 和 0.65s。各类水工建筑物的设计反应谱最大值的代表值 β_m 取值不同，重力坝取 2.00，拱坝取 2.50，水闸、进水塔及其他混凝土建筑物取 2.25。在修订的水工抗震设计规范中建议阻尼比为 5% 时平台值取为 2.5；基岩和中硬的 Ⅱ 类场地的特征周期值分别取为 0.2s 和 0.25s；并指出设计反应谱曲线下降段形态对水工建筑的地震响应至关重要，建议衰减指数取 0.6。

设计反应谱反映的是不同震级和距离下地震动加速度反应谱的统计规律，实质上体现反应谱的衰减关系，其峰值周期后下降段的形态对水工建筑物地震响应至关重要。目前我国缺乏支持设计反应谱下降段衰减指数 γ 研究的强震记录，马宗晋等[92] 认为可以借鉴美国丰富强震记录的加速度反应谱统计平均衰减关系，作为我国高坝抗震设计中确定设计反应谱系数的参考依据。世界上大部分国家和地区抗震规范采用的设计反应谱的表达形式为自然坐标下的分段表达。我国《水电工程水工建筑物抗震设计规范》（NB 35047—2015）建议的标准反应谱由斜直线上升段、平台段和指数衰减曲线段三部分组成（图 2.1），这种形式的设计谱可用式（2.1）表示：

$$S_a(T) = \begin{cases} a_m + a_m(\beta_m - 1.0)T/T_0 & (0 < T \leq T_0) \\ a_m\beta_m & (T_0 < T \leq T_g) \\ a_m\beta_m(T_g/T)^\gamma & (T_g < T \leq T_m) \end{cases} \quad (2.1)$$

式中　a_m——地震影响系数最大值；

　　　T_0——第一拐点周期；

　　　T_g——特征周期；

　　　β_m——平台高度；

　　　γ——下降段衰减指数；

　　　T_m——截止周期；

　　　T——结构自振周期。

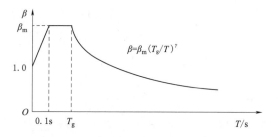

图 2.1　标准反应谱

根据《水工建筑物抗震设计标准》（GB 51247—2018）：基岩上的土坝和堆石坝，β_m 取 1.6；土基上的土坝和堆石坝，β_m 取 1.3；软弱土基上的土坝和堆石坝，β_m 取 1.22。特征周期 T_g 的取值与地震远近、大小及地基类别有关，通常基岩上特征周期取 0.2s，一般非岩性地基取 0.3s，软弱地基取 0.7s。但衰减指数 γ 的取值目前尚无定论，在一般设计中借鉴 NB 35047—2015 中的规定，重力坝反应谱曲线下降段的指数 γ 值取 0.9。

目前在建和拟建的土石坝坝高大多在 200 米级以上，再加上土石坝坝料偏软的特性，自振周期较长，长周期段的反应谱值对其动力反应的影响较大。土石坝坝料偏软，自振周期偏长，长周期段的反应谱值对其动力反应的影响比混凝土坝大得多，200m 以上高坝的自振周期大部分大于 1s，且随着坝高的增加长周期段反应谱值的影响也越大[93]。对于 200 米级以上高土石坝，γ 取值 0.6 可能会造成 1s 后长周期段的值被过多加大，所以对于高土石坝的 γ 的取值还需要进一步探讨。

2.1.2　标准反应谱的标定方法

反应谱的标定就是利用实际强震记录或地震安全性评价给出的地震动时程计算场地相关反应谱，将其平滑标准化为较简单规则的抗震设计谱形式的过程。反应谱标定方法的研究与强震记录的积累程度密切相关。初期由于世界范围内积累的强震记录不足，无法深入研究地震环境和场地条件对地震反应谱的影响，只采用单一参数地面峰值加速度对绝对加速度反应谱进行标定，谱形为固定的几种，但是单参数标定法得到的反应谱曲线并不能反映出震级、距离及场地条件等因素的影响。20 世纪 60 年代早期我国学者周锡元[28] 和刘恢先[26] 提出用两个参数（场地类别和地面峰值加速度）对设计反应谱进行标定，并应用于 1978 年颁布的抗震设计规范。

反应谱的标定是根据实际的强震记录获得加速度时程曲线，利用单自由度弹性体模型计算得到弹性加速度反应谱，经过平滑标准化为抗震设计反应谱形式的过程。反应谱的标定方法不仅应简单和便于工程应用，而且应能反映当前对强地震动的认识水平。在 20 世纪 50 年代，世界上强震记录很少，工程师们很难用极少的强震记录来分析地震环境和场地条件等因素对地震反应谱的影响，只采用地面峰值速度对加速度反应谱进行标定。随着全世界范围内强震记录数量增多，学者们开始研究反应谱的多参数标定方法，期望能较好地反映不同震级、距离及场地条件的反应谱特性。目前，国内外提出的设计反应谱的标定方法有 Newmark 三参数标定法、双参数标定法、基于遗传算法的设计反应谱标定方法、Malhortra 方法、最小二乘法分段拟合标定法。1969 年 Newmark 等提出了用地面峰值加速度 a、峰值速度 v 和峰值位移 d 三个参数分别标定设计地震反应谱的高频、中频和低频的方法，称为 Newmark - Hall 标定方法。用这种方法确定设计地震反应谱的关键是合理地确定标定常数，分别为较低频段放大系数 K_d、中频段放大系数 K_v 和较高频段的放大系数 K_a。21 世纪初，有的学者利用遗传算法进行反应谱的标定。在工程场地地震安全性评价中需要将计算得到的工程场地地表反应谱标定为设计地震反应谱，这一过程实际上是分段函数的非线性规划问题。而基于自然进化原理的遗传算法在非线性优化、多参数优化等方面表现出了传统算法无法比拟的优势。并且利用拟合给定特征参数的设计反应谱，要求标定的特征参数与给定的特征参数间误差小于给定精度的方式验证了此标定方法的合理性。

应该强调，反应谱的标定方法有多种，就我国而言，代表性的标定方法有 Newmark 三参数标定法、双参数标定法、最小二乘法分段拟合标定法和多参数拟合法，其中多参数拟合法又包括基于遗传算法的多参数拟合法和基于标准差最小的多参数拟合法。标定规准化的设计反应谱的形式主要受反应谱平台值、特征周期和下降段衰减指数这三个参数的控制。合理的标定方法是反应谱理论与工程结构抗震设计相衔接的重要环节。标定参数的设置和估计以及反应谱形式的确定是研究和改进反应谱标定方法的关键。

1. Newmark 三参数标定法

反应谱的标定实际上是将根据大量地震记录计算所得的地震反应谱平滑标准化为简单规则的设计反应谱的过程。反应谱的标定最早可以追溯到 20 世纪 60 年代 Newmark 根据地面运动的峰值加速度、峰值速度、峰值位移提出的三参数标定法[94-95]。三参数标定法的提出为后期众多设计反应谱标定方法的提出奠定了基础。Newmark 三参数标定法是建立在拟速度地震反应谱 PS_v 和拟加速度地震反应谱 PS_a 的概念之上的。

$$\begin{cases} PS_a = \omega \cdot PS_v = \omega^2 S_d \\ \omega = 2\pi/T \end{cases} \tag{2.2}$$

式中 ω——单自由度体系的自振频率；

     T——单自由度体系的自振周期；

     S_d——相对位移反应谱。

在一般建筑结构的抗震设计中 S_a 和 S_v 可近似地用式（2.3）表示：

$$S_a \approx PS_a \quad S_v \approx PS_v \tag{2.3}$$

式中 S_a——绝对加速度反应谱；

     S_v——相对速度反应谱。

Newmark 等认为，就水平地面运动而言，较低频段、中频段和较高频段可以分别取 0.1～0.3Hz、0.3～3Hz 和 3～8Hz；就竖向地面运动而言，较高频段可以扩展为 3～10Hz。

较低频段、中频段和较高频段所对应的放大系数分别为 K_d、K_v 和 K_a，其值分别为 S_d'/d，S_v'/v 和 S_a'/a，其中，S_d'、S_v' 和 S_a' 分别为上述三个频段的平均值。

拐点周期 T_2 和 T_3 可根据式（2.3）的连续性条件由式（2.4）给出。

$$\begin{cases} T_2 = 2\pi \dfrac{K_v v}{K_a a} \\ T_3 = 2\pi \dfrac{K_d d}{K_v v} = \dfrac{K_a K_d}{K_v^2} = \dfrac{ad}{v^2} T_2 \end{cases} \tag{2.4}$$

2. 双参数标定法

1989 年，廖振鹏[96] 将三参数标定法改进为双参数标定法，在考虑拐点周期可变形的基础上，提出用地面运动的峰值加速度 a、峰值速度 v 两个标定参数确定设计反应谱标定模型中的参数。标定模型如下：

$$SA = \begin{cases} a_i + b_1 \dfrac{a_i^2}{v_i} T & (0 \leqslant T < T_1) \\ b_2 a_i & (T_1 \leqslant T < T_2) \\ b_3 v_i T^{-\gamma} & (T_2 \leqslant T \leqslant T_3) \end{cases} \quad (2.5)$$

式中 b_1、b_2、b_3、γ——标定常数；

$\qquad\quad a_i$、v_i——任意一条地震记录 i 的峰值加速度和峰值速度。

标定公式中将之前三参数标定法的截止周期由 10s 变为 3s，同时根据设计反应谱在拐点周期处的连续性确定 T_1、T_2。

$$T_1 = \frac{b_2 - 1}{b_1} \frac{v_i}{a_i}; \quad T_2 = \left(\frac{b_3}{b_2} \frac{v_i}{a_i}\right)^{-\gamma} \quad (2.6)$$

在反应谱的标定公式两侧同时除以 a_i 得 $\beta(T)$。

$$\beta(T) = \begin{cases} 1 + b_1 \dfrac{a_i}{v_i} T & (0 \leqslant T < T_1) \\ b_2 & (T_1 \leqslant T < T_2) \\ b_3 \dfrac{v_i}{a_i} T^{-\gamma} & (T_2 \leqslant T \leqslant T_3) \end{cases} \quad (2.7)$$

其中，标定常数 b_1、b_2、b_3、γ 根据设计反应谱的 $\beta(T)$ 与各强震记录对应的放大系数谱 $\beta_i(T) = \dfrac{SA_i(T)}{a_i}$ 在整个频段上的离散性最小确定。平均标准差 Q 可以用来表示离散程度，其定义如下：

$$Q = \left\{ \frac{1}{m} \sum_{i=1}^{m} \frac{1}{T_3} \int_0^{T_3} [\beta(T) - \beta_i(T)]^2 \mathrm{d}T \right\}^{\frac{1}{2}} \quad (2.8)$$

式中 m——强震记录总数。

标定结果为 $b_1 = 1$，$b_2 = 2.25$，$b_3 = 10$，$\gamma = 1$。其中 b_2 和 γ 分别在 2.25 和 1 附近变动，$b_2 = 2.25$ 是平均意义上的取值，γ 直接采用 Newmark - Hall 模型中选用的数值。拐点周期 $T_1 = 1.25 v_i / a_i$，$T_2 = 4.44 v_i / a_i$。

3. 最小二乘法分段拟合标定法

这一方法的基本思路是用最小二乘法在反应谱整个区段内进行直接拟合。利用式（2.9）进行反应谱的标定。

$$\beta(T) = \begin{cases} 1 + (\beta_m - 1)\dfrac{T}{T_0}T & (0 \leqslant T < T_0) \\ \beta_m & (T_0 \leqslant T < T_g) \\ \beta_m \dfrac{T_g}{T}\gamma & (T_g \leqslant T \leqslant T_m) \end{cases} \tag{2.9}$$

式中，第一拐点周期 T_0 取 0.1s；截止周期 T_m 取 6s；动力放大系数最大值 β_m（即平台高度）和下降段衰减指数 γ 可采用坐标变换后的分段最小二乘法确定；第二拐点周期 T_g，即特征周期，是平台段与下降段曲线交接点所对应的周期，建议用最小二乘自动搜索法求得。具体操作为：用平台值 β_m 除式（2.9），式（2.9）转化为式（2.10）。

$$\frac{\beta(T)}{\beta_m} = \begin{cases} 1 & (T_0 \leqslant T < T_g) \\ (T/T_g)^{-\gamma} & (T_g \leqslant T \leqslant T_m) \end{cases} \tag{2.10}$$

若设 $x = \ln(T/T_g)$；$y = \ln[\beta(T)/\beta_m]$，则可将式（2.10）变换为式（2.11）。

$$y(x) = \begin{cases} 0 & (-x_0 \leqslant x < 0) \\ -\gamma x & (0 \leqslant x \leqslant x_m) \end{cases} \tag{2.11}$$

式中：$x_0 = \ln(T_g/T_0)$；$x_m = \ln(T_m/T_g)$。

可以看出变换后，反应谱平台值实际上相当于 T_0 到 T_g 的平均值，可由式（2.12）表示：

$$\beta_m = \frac{1}{T_g - T_0} \int_{T_0}^{T_g} \beta(T)\mathrm{d}T \tag{2.12}$$

这里下降段衰减指数 γ 按式（2.11）对衰减段 $T_g - T_m$ 进行线性回归分析确定。特征周期 T_g 可以通过反复为特征周期赋值的搜索方法，使回归分析中剩余标准差达到最小值的周期确定为特征周期来确定。

2.1.3 反应谱的创新模型

地震反应谱的创新模型包括了多种新型分析方法和工具，这些模型和方法旨在提高结构抗震设计和分析的准确性与效率。比较主流的创新模型为高效多点地震动激励反应谱方法。在多点地震动激励下，传统的反应谱分析计算非常耗时。王君杰和郭进[97]提出了一种高效的反应谱方法，通过使用解析形式表示相关系数，大大减少了计算时间。该方法采用空间相干函数的近似表达式，并对其进行系数积分，得到相关系数的解析式。这些表达式是基于克拉夫-彭津(Clough - Penzien)[98] 和胡聿贤等[99-100] 自功率谱密度函数模型推导得出的。

1. Clough - Penzien 模型

$$S_{rr}(\omega) = S_0 \frac{\omega_g^4 + 4\zeta_g^2\omega_g^2}{(\omega_g^2 - \omega^2)^2 + 4\zeta_g^2\omega_g^2\omega^2} \frac{\omega^4}{(\omega_f^2 - \omega^2)^2 + 4\zeta_f^2\omega_f^2\omega^2} \tag{2.13}$$

式中　S_0——APSD 的强度因子；

ζ_g——场地土层的频率参数；

ω_g——胡聿贤模型在低频段的滤波参数；

ω_f 和 ζ_f——Clough - Penzien 模型在低频段的滤波参数。

2. 胡聿贤模型

$$S_{rr}(\omega) = S_0 \frac{\omega_g^4 + 4\zeta_g^2\omega_g^2\omega^2}{(\omega_g^2 - \omega^2)^2 + 4\zeta_g^2\omega_g^2\omega^2} \frac{\omega^6}{\omega^6 + \omega_c^2} \tag{2.14}$$

式中　ω_c——场地土层的阻尼参数。

计算中取 $\omega_g = 1.5\text{Hz}$，$\omega_c = 0.3\text{Hz}$，$\omega_f = 0.25\text{Hz}$，$\zeta_g = 0.6$，$\zeta_f = 0.4$，$S_0 = 1$。

2.2　我国抗震安全评价的依据

2.2.1　NGA 概述

20 世纪 50 年代，美国地震学家首先提出地震动衰减关系这一概念。1956年，古登堡和克里特根据美国加利福尼亚州地震记录建立了震中区加速度 a_0 与震级 M 的经验公式以及震中区加速度 a_0 随距离 R 的变化关系[101-102]，即

$$\lg a_0 = -2.1 + 0.81M - 0.027M^2 \tag{2.15}$$

$$a_r = a_0 F_a \tag{2.16}$$

$$F_a = \left(1 + \frac{R}{y_0}\right)^n \tag{2.17}$$

$$n = 1 + \frac{1}{2.5T_0} \tag{2.18}$$

式中　F_a——衰减因子；

T_0——卓越周期；

a_r——距离震中 r 处的加速度；

y_0——参考距离。

y_0 取 48mile❶。随后，各研究者们在该模型基础上不断增加影响因素。

2003 年，美国太平洋地震工程研究中心（PEER）、美国地质调查局（USGS）以及南加利福尼亚州地震中心（SCEC）共同发起了 NGA 计划，以 PEER 强震动数据库为基础，研发新一代美国西部浅层地壳地震动衰减关系为目的，主要研究了美国加利福尼亚州以及世界各地地震活动频繁地区的地震动衰减规律。2008 年，该计划第一部分 NGA-west 已完成，由五个科研小组（Abrahamson 和 Silva、Boore 和 Atkinson、Campbell 和 Bozorgnia、Chiou 和 Youngs、Idriss）[103-107] 分别拟合出了 AS08、BA08、CB08、CY08、I08 五种衰减模型。其中 I08 模型主要以基岩地区台站数据为研究基础，未考虑场地放大因素的影响，其余 4 个模型均给出了不同场地条件对衰减关系的影响。AS08 和 CB08 模型将 Walling 等[108] 提出的土层解析模型作为场地影响项；BA08 模型将 Choi 等[109] 提出的经验模型作为场地影响项；CY08 模型直接以数据库的数据回归得到了场地放大系数，采用全球地震数据库，且衰减模型考虑因素众多，发展较完备，对其他地区的地震动衰减关系研究也具有一定的借鉴意义。但 NGA 计划的衰减关系模型主要针对美国地区，由于地震动衰减关系存在区域性差异特性，NGA 在中国地区的应用还有待研究。

地震动衰减关系是地震危险性分析和设定地震的核心内容，现有衰减关系大多只描述特定震级条件下地震动参数随距离的衰减规律，事实上在近场条件下，震源机制、上盘效应和破裂的方向性效应等近场特征对地震动的影响同样难以忽视。NGA 的研究以世界范围内最新地震动资料为基础，适用于美国西部浅源地震情况，强调对近场震级饱和现象的表征，充分考虑震源体的影响，关注近场地震动特性[110-115]。鉴于我国缺乏强震记录，直接使用由美国西部基岩强震记录统计拟合的反应谱衰减关系，可能较由烈度转换得到的衰减关系更为合理。

2.2.2　NGA 的优越性

（1）NGA 建立在世界范围内最新地震动资料包括美国、日本、土耳其和中国台湾省等最新获得的近断层地震记录的基础上。这些近场地震记录为研究和预测近场地震动的衰减规律奠定了数据基础，同时也证实基于中、远场记录的衰减关系外推获得的近断层区的地震动预测模型存在相当大的误差。

（2）NGA 强调对近场震级饱和现象的表征。Abrahamson 和 Silva 将高频分

---

❶　1mile＝1.609344km。

量在近场随震级的变化情况分为 4 类，即过饱和、充分饱和、局部饱和和不饱和，并指出过饱和时 10km 处的加速度中值将随震级的增加而下降。1999 年土耳其 Kocaeli 地震（震级 $M = 7.15$）、1999 年台湾集集地震（$M = 7.16$）和 2002 年阿拉斯加 Denali 地震（$M = 7.19$）均不同程度地表现出过饱和。尽管地震学家认为大震近场条件下短周期地震动有可能减小，但鉴于统计样本过少，难以获得充分的数据支持，故均采取措施限制 NGA 衰减关系过饱和。

（3）NGA 关注近断层地震动特性。在现阶段的 NGA 研究中，考虑走滑、正断或逆断的断裂方式，以及上盘效应等近断层地震动特性，并将在后续工作中研究破裂的方向性效应。常见 NGA 应用如下：

1）城市和区域的地震危险性分析。许多城市如旧金山、洛杉矶等位于地震活跃区域的城市在进行地震风险评估和制定防震减灾规划时，会应用 NGA 来估计可能发生的地震动强度，为基础设施的抗震设计和加固提供依据。

2）重大工程的抗震设计。如大型桥梁、高层建筑、核电站等重要工程，利用 NGA 衰减关系来确定设计地震动参数，确保工程在地震作用下的安全性。

3）地震风险评估。可评估地震风险，确定保险费率和赔偿额度。

4）地震应急响应规划。帮助应急管理部门预测地震可能造成的破坏程度，提前做好救援和资源调配的准备。

5）对既有建筑物的抗震性能进行评估。通过 NGA 计算预期的地震作用，评估既有建筑物是否能够满足抗震要求，为加固改造提供决策支持。

6）地震科研。在研究地震活动规律、地震动传播特性以及地震灾害评估方法等方面，NGA 为模拟和验证提供了重要的输入参数。确定 NGA 中关键参数需要以下步骤：

a. 数据收集：收集大量的强震观测数据，包括地震震级、震中距、场地条件、地震动参数（如加速度峰值、反应谱等）等信息。

b. 场地分类：根据相关标准对观测点的场地条件进行分类，这通常涉及对土层的地质特征、剪切波速等的评估。

c. 选择合适的数学模型：NGA 通常基于特定的数学表达式，如对数线性模型等。

d. 回归分析：使用统计回归方法，对收集到的数据与选定的数学模型进行拟合。

e. 敏感性分析：评估各个参数对预测结果的敏感性，以确定哪些参数对地震动衰减的影响最为显著。

f. 考虑不确定性：通过对数据的不确定性分析，评估参数估计的置信区间和不确定性范围。

g. 验证和比较：将得到的参数结果与其他已有的衰减关系或理论模型进行比较和验证，以确保其合理性和可靠性。

h. 调整和优化：如果结果不理想，可能需要调整模型结构、数据处理方法或重新选择数据，进行参数的优化估计。

在确定关键参数的过程中，需要综合运用地震学、统计学和工程实践的知识，以获得准确和可靠的 NGA 参数。

2.2.3　AS07 衰减关系在中国的适应性

在美国开展的下一代地震动衰减关系研究中，Abrahamson 和 Silva 提出的 Abrahamson-Silva 2007（AS07）衰减关系所依据的强震记录取自美国西部强震资料，该地区在构造、陆地组成、现代应力状态、地震成因、地震活动性等方面与我国大陆具有相似性和可比性。因此，在当前我国缺乏强震记录的情况下，把美国西部基岩强震记录统计拟合的衰减关系当作我国现有衰减关系的参照填充，对我国安全评价工作和地震动输入研究推进具有重要意义。

张翠然等[116] 将 AS07 衰减关系与我国多个经典地震动衰减关系进行了比较，其中包括霍俊荣统计的美国西部基岩地震动衰减关系（曾广泛应用于地震工程领域）；俞言祥等搜集 1986 年以来美国西部发生的部分地震的基岩台站加速度记录，补充到霍俊荣使用过的数据资料中，经统计回归得到的美国西部水平向基岩加速度峰值与反应谱衰减关系；四代区划（利用汪素云等为编制第四代区划图而最新统计的中国西部地震烈度衰减关系，选择霍俊荣拟合的美国西部基岩水平地震动衰减关系，同时按照胡聿贤等提出的转换方法，获得中国西部地区的地震动衰减关系）；大岗山Ⅲ型（收集了研究区记录到的 45 个有可靠等震线的地震，选用霍俊荣拟合的美国西部基岩水平地震动衰减关系，采用转换方法获得中国西南地区的地震动衰减关系）；大柳树Ⅲ型（将俞言祥等建立的美国西部衰减关系转换到中国西北地区，得到大柳树、小观音坝区基岩水平加速度峰值和反应谱衰减关系）；紫坪铺Ⅲ型（紫坪铺水利枢纽工程场地安全评价复核报告中使用的衰减关系，是俞言祥在川滇地区的最新研究成果，已在多个重大项目中得到应用和检验）。结论表明，将 AS07 衰减关系应用于我国水电工程抗震设计是可行的。陈厚群[15] 在水工建筑物场址反应谱中论证了，将 AS07 衰减关系用于我国抗震设计的可靠性。因而在我国缺乏足够的强震实测记录的情况下，将 AS07 衰减关系作为我国高坝抗震设计中确定设计反应谱的参考依据具有一定的合理性。

2.3　衰减指数变化对土石坝的影响

为了论证衰减指数的变化对高土石坝动力特性及地震反应的影响，探讨设计反应谱衰减指数及土石坝衰减指数合适的取值，本书以 AS07 衰减关系为参照，将衰减指数 γ 取为 0.6、0.7 作为比较，拟合设计反应谱如图 2.2 所示。

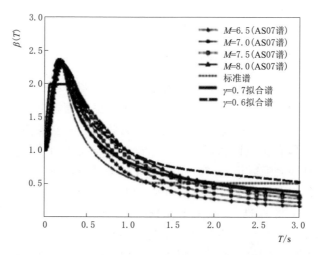

图 2.2　AS07 谱与按 $\beta_\mathrm{m}=2.0$，$T_\mathrm{g}=0.2$，$\gamma=0.6$、0.7 拟合的标准谱

可以看出，周期 1s 内 γ 取 0.6 拟合的标准谱与 AS07 谱拟合较好；周期大于 1s 的长周期段 γ 取 0.6 拟合的标准谱略大于 AS07 谱；在周期 1～2s 内 γ 取 0.7 拟合的标准谱与 AS07 谱比较接近。

由 Okamoto 经验公式得到不同高度土石坝的自振周期，如表 2.1 所列。由于土石坝结构的特殊性，坝高相同时土石坝自振周期比混凝土坝大得多，200m 以上高坝的自振周期大部分大于 1s，且随着坝高的增加长周期段反应谱值的影响也越大，因此对于 200 米级以上高土石坝 γ 取 0.6 可能会造成 1s 后长周期段的值被过多加大，所以对于高土石坝 γ 的取值还需要进一步探讨。

表 2.1　　　　　　　　　　　　　土 石 坝 自 振 周 期

坝高/m	100	150	200	250	300
自振周期/s	0.35～0.65	0.52～0.97	0.7～1.3	0.87～1.63	1.05～1.95

2.3.1　验证模型与计算工况

为了定量地评判衰减指数的变化对土石坝动力反应的影响，并探讨合适的衰减指数的取值，建立不同高度的土石坝三维有限元模型并进行动力响应分析。采用大型商用软件 Abaqus 对大坝进行三维有限元数值分析，并基于 Abaqus 二次开发平台实现 $E-B$ 模型、等效线性模型的开发应用，计算并输出动力响应结果。

1. 计算模型

选用标准形状堆石坝，河谷底宽为 36m，河谷边坡坡度为 1：1，坝坡坡度为 1：1.4，不考虑地基与坝体的相互作用，坝高分别取 120m、200m、280m，计算模型有限元网格如图 2.3 所示。

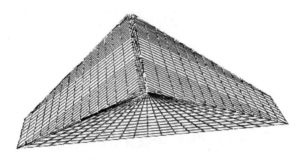

图 2.3　模型有限元网格

2. 材料参数

筑坝材料采用文献［117］所用参数，如表 2.2、表 2.3 所列。

表 2.2 坝料静力邓肯-张模型参数

参数	γ_d	K	K_b	n	R_f	$\Delta\varphi$	m	φ_0	K_b
堆石料	21.5	1100	600	0.35	0.82	8.5	0.1	52	600

表 2.3 坝料动力等效黏弹性模型参数

参数	k_1	k_2	n	D
堆石料	9.5	2399	0.5	0.25

3. 地震输入与计算工况

以按 AS07 衰减关系合成的地震波为参照组 AS07，以按 $\beta_m=1.6$，$T_g=0.2$，$\gamma=0.9$ 拟合的规范化的标准反应谱合成的地震波为基准组 A9，以按 $\beta_m=1.6$，$T_g=0.2$，$\gamma=0.6$、0.7 拟合的标准反应谱合成地震波为对比组 A6、A7，最大输入加速度取震级为 6.5 级、7.0 级、8.0 级、9.0 级时的 $0.075g$、$0.1g$、$0.2g$、$0.4g$，各输入工况如表 2.4 所列。采用三角级数法编制程序合成人工地震波[9]。

表 2.4 输 入 地 震 波 工 况

工　况	$M=6.5$ $(a=0.075g)$	$M=7.0$ $(a=0.1g)$	$M=8.0$ $(a=0.2g)$	$M=9.0$ $(a=0.4g)$
AS07 谱（参照组 AS07）	工况 1	工况 2	工况 3	工况 4
γ 取 0.9（基准组 A9）	工况 5	工况 6	工况 7	工况 8

续表

工　况	$M=6.5$ $(a=0.075g)$	$M=7.0$ $(a=0.1g)$	$M=8.0$ $(a=0.2g)$	$M=9.0$ $(a=0.4g)$
γ 取 0.6（对比组 A6）	工况 9	工况 10	工况 11	工况 12
γ 取 0.7（对比组 A7）	工况 13	工况 14	工况 15	工况 16

2.3.2　模型计算结果分析

1. 模型验证

计算后输出各工况下河谷中央横断面中轴线上的加速度（输出位置如图 2.4 所示），并绘制 280m 坝地震动输入工况 1～工况 4 下加速度放大倍数 β 随坝高的分布关系图（图 2.5），与文献 ［117］ 的计算结果（图 2.6）进行对比分析。

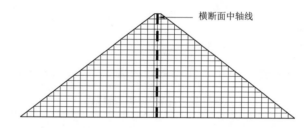

图 2.4　输出加速度位置图

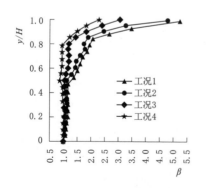

图 2.5　加速度放大倍数图
y—输出位置高度；
y/H—输出位置在坝体的相对高度

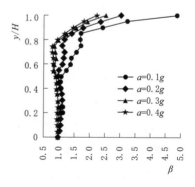

图 2.6　文献 ［117］ 中加速度放大倍数图

从图 2.5、图 2.6 中加速度沿竖向分布规律可以看出，随着坝高 H 的增加，加速度放大倍数增大，在 4/5 坝高处加速度放大倍数突然增大；且随着加速度峰值的增加，大坝加速度放大倍数逐渐减小；其加速度放大倍数变化规律基本相同，且符合规范规定的加速度放大倍数，因此可认为本书的计算结果可靠。

2. 坝顶最大加速度

输出各工况下河谷中央横断面中轴线上的最大加速度，列于表 2.5。

表 2.5 坝体最大加速度 单位：m/s^2

坝高/m	工况	$a=0.075g$	$a=0.1g$	$a=0.2g$	$a=0.4g$
120m	对比组 A6	0.304	0.357	0.583	0.884
	对比组 A7	0.298	0.351	0.564	0.839
	参照组 AS07	0.311	0.368	0.603	0.908
	基准组 A9	0.29	0.334	0.528	0.756
200m	对比组 A6	0.337	0.429	0.705	0.959
	对比组 A7	0.327	0.421	0.68	0.927
	参照组 AS07	0.351	0.427	0.699	0.968
	基准组 A9	0.315	0.395	0.624	0.813
280m	对比组 A6	0.462	0.534	0.74	1.222
	对比组 A7	0.43	0.521	0.708	1.146
	参照组 AS07	0.431	0.526	0.716	1.166
	基准组 A9	0.429	0.482	0.633	0.955

由表 2.5 看出，随着衰减指数的减小，坝体最大加速度呈增大的趋势；随着输入加速度和坝高的增加，加速度呈增大的趋势；输入 AS07 谱计算的加速度最大值大多介于输入衰减指数为 0.6 和 0.7 的加速度最大值之间。为了更清晰地判断各工况之间的联系，分别计算坝高为 120m、200m、280m 时对比组、参照组的最大加速度相较于基准组的最大加速度的增幅［例如（A6－A9）/A9］，如图 2.7～图 2.9 所示。

由图 2.7～图 2.9 看出，最大加速度增幅随坝高和地震烈度的增加而增加。

由图 2.7 看出，120m 高的坝在震级为 6.5 级、7 级、8 级、9 级的工况下，对比组 A6 的最大加速度增幅在 5％～16％之间，接近参照组 AS07 的加速度增幅 3％～14％。说明 120m 高的土石坝，输入衰减指数为 0.6 的规范化的标准反应谱计算结果更接近输入 AS07 谱的计算结果。

由图 2.8、图 2.9 看出，坝高为 200m、280m 的坝，除了 200m 高的坝在输入震级为 8 级的工况下对比组 A6 的最大加速度增幅接近参照组 AS07 的增幅外，其他工况下对比组 A7 的最大加速度增幅在 4％～20％之间，接近参照组

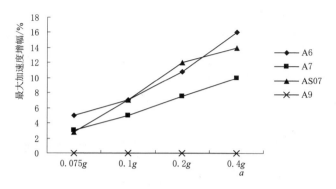

图 2.7　120m 坝最大加速度增幅

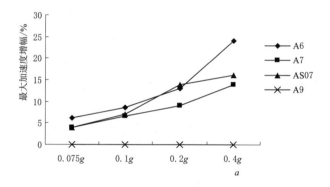

图 2.8　200m 坝最大加速度增幅

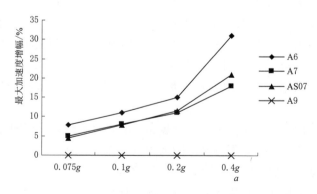

图 2.9　280m 坝最大加速度增幅

AS07 的增幅 5%～22%，而对比组 A6 的最大加速度增幅在 7%～30% 之间，较 AS07 组最大加速度增幅的差值较大。200m 高的坝在震级为 8 级时出现规律不同点，是因为 AS07 衰减关系以震级为参数，而我国现行的规范化的标准反应谱是取各个震级的统计规律。总体来说在坝高为 200～300m 的范围内，输入衰减指数取 0.7 的规范化的标准反应谱的计算结果更接近输入 AS07 谱的计算结果，且坝高越高拟合效果越好。

2.3.3　不同坝高衰减指数建议取值

针对反应谱衰减指数的不同取值，结合 120m、200m、280m 高度的堆石坝进行三维有限元动力计算分析，对大坝加速度等地震反应进行了比较分析，可得以下结论：

（1）对于周期小于 1s 的水工建筑物，建议规范化的标准反应谱下降段的衰减指数 γ 取 0.6；对于周期在 1～2s 之间的水工建筑物，建议规范化的标准反应谱下降段的衰减指数 γ 取 0.7。

（2）对于土石坝，在坝高 120m 左右时，建议规范化的标准反应谱下降段 γ 取 0.6；在坝高为 200～300m 时，建议规范化的标准反应谱下降段 γ 取 0.7。另外本书中研究采用的模型均是针对两岸对称、理想的堆石坝，针对实际工程的应用还有待于进一步研究；本书的计算结果还需要利用地震实测记录以及大型离心机振动台模型试验等手段进一步验证。

第3章 重建汶川紫坪铺坝址地震动的合成方法

///

3.1 随机有限断层法

近场强地震动工程预测常用的方法有随机有限断层法和经验格林函数法，这两种方法都在近场地震的预测中广泛应用。经验格林函数法需要将前震或余震的记录作为经验格林函数合成主震，在应用中有一定的局限性，但合成准确度较高。随机有限断层法克服了这种局限，综合考虑震源破裂形式、场地复杂条件和传播方式的影响。由于传统的随机有限断层法未考虑拐角频率随地震震级的增大而减小的因素，导致合成地震动在高频部分拟合较好而在低频部分拟合不好。

本章针对这一问题将动力学拐角频率引入经验格林函数法和随机有限断层法中，并运用改进的地震动预测方法重建了"5·12"汶川地震中紫坪铺大坝坝址地震动。

3.1.1 随机有限断层法理论发展

地震动随机模拟震源理论模型是 Brene 和 Atkinson 在 1970 年提出的，最初提出的是垂直断层面辐射剪切波的震源波形。地震动随机模拟是一种大大简化的方法。它假设点源引起的弹性半空间上一点的加速度时程可以用有限带宽、有限持时的高斯白噪声表述，震源谱由单拐角频率或双拐角频率描述。Boore[68] 采用基于静力学拐角频率的随机点源法合成地震加速度，在高频部分取得了较好的模拟效果，但在低频部分则有所不足。这种方法在近场大震的模拟分析中也显示出了其重要作用。Motazedian 和 Atkinson[69] 对随机有限断层法进行了深入的模拟分析，指出了静力学拐角频率合成理论的不足，认为断层的截面积也是决定地震波频率成分的关键因素，而这是之前没有考虑到的。当断层截面积较大或者地震的振幅较大时，低频成分也会更加丰富。解释了动力学拐角的核心原理，并利用动力学拐角频率的变化来描述震动波的特性，从而克服了利用静力学拐角频率合成地震动加速度与子断层数目相关的限制。

Beresnev 和 Atkinson 将随机有限断层法应用于模拟近场强地震动。该方法首先将断层划分为多个子断层，并将任意一个子断层看作一个点源，然后给出破裂传播的速度，即可得到任意子源破的破裂时间序列。根据子源与断层的位置关系即可得到该子源对断层的影响权重，考虑各个子源的时间序列并对其加速度进行相应的叠加，即可得到该断层的地震动。Ramees 和 Imtiyaz 结合随机有限断层法和动态拐角频率方法，估计了喜马拉雅西北部 2000 多个地点的基岩水平峰值地面运动。通过模拟 2005 年 Kashmir 矩震级为 7.6 的地震，他们发现观察到的频谱与使用随机方法模拟得到的地震频谱非常相似。

在国内，刘启方等[118] 对随机有限断层法进行了研究，他们采用经验函数方法合成断层附近的强地震动，并研究了断层地震动的基本特征。他们发现，埋置深度很小的断层近场地的地震动与震中方位角、震中距有密切关联，且随震中距的衰减非常快。李启成和景立平[57] 对用随机点源法和随机有限断层法合成地震动加速度进行了全面对比分析，并通过试验论证得出用随机有限断层法合成地震动的合理性。周红[119] 采用随机有限断层法计算九寨沟地震期间子断层的拐角频率。该数值变化主要受到子断层的应力降和地震矩的影响。Yu 等[120] 基于随机有限断层法，考虑各种不确定性的地震动参数，发展了一种能够刻画地面运动传播全过程的确定性地震危险性分析方法。卢育霞和石玉成[121] 建立横向的地震动断层模型，运用随机有限断层法预测了三危山断层发生地震对莫高窟的影响。孙晓丹等[122] 利用混合滑动模型对子断层震源模式进行优化设计，以服务于达尔布特断裂地震动场估计和地震危险性评估。王国新和史家平[65] 采用随机有限断层法合成了沈阳地区近场强地震动，并认为这一合成地震动的方法对重大工程选址以及在缺乏强震记录地区开展抗震设防工作具有重要意义。王海云和李强[123] 采用动力学拐角频率的随机有限断层方法和经验模型研究了快速生成近断层地震动图的可行性。钟菊芳和袁峰[124] 利用随机有限断层法模拟"5·12"汶川地震，研究了震源参数对地震持续时间的影响。林德昕等[125] 将随机有限断层法扩展到了俯冲带板内地震动的模拟并取得了良好的模拟结果。Wang 等[126] 基于随机有限断层法发展了一种参数标定方法并成功再现了 2019 年长宁 5.6 级地震动。余瑞芳等[127] 采用随机有限断层法建立了坝址最大可信地震动参数评价方法。

随机法的随机有限断层法克服了预测中对小震记录的条件的制约，扩大了可预测的范围，把发震断层按一定要求规则划分成许多个子断层，假设各个子断层为一个点源，通过研究好的破裂模式和破裂速度，求出子源破裂的时间序列，再由子源和场地之间的几何关系，求解各个子源对场地的影响的权重，把各个子源加速度时程叠加得到地震动加速度时程，此方法综合考虑了场地条件、传播方式、震源破裂形式的影响，预测精度较高。

3.1.2　随机有限断层法理论架构

随机有限断层法是一种结合震源特性、传播路径效应以及局部场地条件对地震动的影响进行建模的混合方法。该方法将大型地质断层分解为众多子断层，并将各子断层视为独立的震源，以此来模拟接近震中位置处的高频率地面运动。在地震工程领域，这种方法尤其擅长重现接近震中区域的高频震动。本质上，随机有限断层法的实施过程涉及将大尺度断层解构为较小的断层片段，每个片段被当成独立震源处理。对这些单独的子断层进行地震动的模拟，并将其结果汇总，从而得到整个断层的地震动时间序列。诸如断层大小、裂解速度、剪切波速度及应力降等参数的设定，都直接决定了模拟的精确度。最初，模型采用固定的频率转折点，并未考虑断裂动态过程。但后续发展的模型开始关注断裂的动态性质，并通过引入变化的拐角频率来提升模拟与实际观测之间的一致性。此外，为了更精确地再现高频震动，引入了高频校正因子，以弥补模型在高频区域的不足。随机有限断层法作为地震工程领域的一项关键模拟工具，扮演着无可替代的角色。

随机有限断层法可分为基于静力学拐角频率的有限断层模型（FINSIM）及基于动力学拐角频率的有限断层模型（EXSIM）两种。

1. FINSIM

对于近场地震动，简化破裂区域为一个点源会导致地震动被高估。Hartzell 提出了一种经验格林函数方法，将断层破裂面划分为若干子断层，将每个子断层视为一个点源。Beresnev 和 Atkinson 在此基础上结合随机点源法，提出了考虑断层几何信息的随机有限断层法，并编写了 Fortran 程序 FINSIM 来模拟有限断层法。这一方法考虑到了近断层场地的地震动受破裂断层面上邻近、局部、有限部分影响的事实，而远处部分的影响相对较小。由于考虑了断层的几何信息，随机有限断层法模拟的地震动可以很好地表达破裂的方向性效应和上盘效应。该方法的基本思路是：首先将断层划分为若干子断层，然后将每个子断层视为点源，计算每个子断层在观测点的地震动，最后通过一定时间延迟将各子断层的地震动叠加以获得整个断层的地震动时程。在该随机有限断层模型中，将整个断平面划分为多个矩形子断层，每个子断层在破裂到达其中心时触发，然后开始破裂传播。利用随机有限断层模型计算子断层加速度时程。地震波在介质中传播，在观测点上叠加。子断层的转角频率由式（3.1）计算得到，计算第 ij 个子断层地震矩的表达式为

$$M_{0ij} = \frac{\eta_{ij}}{N} M_0 \tag{3.1}$$

式中　M_{0ij}——子断层的地震矩；

　　　η_{ij}——第 ij 个子断层的滑移权；

　　　N——子断层的个数。

根据地震矩定义，有

$$M_0 = \mu D N s_{ij} \tag{3.2}$$

式中　μ——断层介质剪切模量；

　　　D——整个断层的平均位错；

　　　s_{ij}——第 ij 个子断层的面积。

因此，假设所有子断层都相同，各断层子断层的地震矩由子断层面积与整个断层面积的比值表示，如果各子断层面积相同，则各子断层的地震矩可由式（3.2）表示。Irikura[53] 根据统计结果提出了地震断平面上的滑移分布，中心大，边缘小。根据他的研究，本书中滑移分布的量值按 1.8～0.2 取值，相邻的差值为 0.1。为了保证地震矩的守恒，在计算过程中进行了适当的调整。第 ij 个子断层的加速度谱 $A_{ij}(\omega)$ 可表示为

$$A_{ij}(\omega) = CM_{0ij}S(\omega,f_0)P(\omega,\omega_m)\frac{\mathrm{e}^{-\omega R_{ij}\mid_{2Q\beta}}}{R_{ij}} \tag{3.3}$$

式中　$A_{ij}(\omega)$——第 ij 个子断层的加速度谱；

　　　R_{ij}——第 ij 个子断层与观测点的距离；

　　　ω——角频率；

　　　Q——弹性波在介质中传播时振幅的衰减程度；

　　　f_0——拐角频率；

　　　β——介质剪切波速；

　　　ω_m——最大频率或主频率，表示地震波在特定条件下的最高频率。

现在，可以用式（3.4）计算每个子断层的加速度谱，然后对第 ij 个子断层的加速度谱进行时域变换，得到每个子断层的时程，最后得到整个断层的时程，其公式如下：

$$a(t) = \sum_{i=1}^{n_L} \sum_{j=1}^{n_W} a_{ij}(t + \Delta t_{ij}) \tag{3.4}$$

式中　n_L——沿主断层长度的子断层数；

　　　n_W——沿主断层宽度的子断层数；

　　　Δt_{ij}——第 ij 个子断层辐射波到达观测站的相对延迟时间；

　　　$a(t)$——第 ij 个子断层的时程。

通过 $n_L \times n_W = N$，得到子断层数为 N。对于第 ij 个子断层的时程，其加速度谱用 $A_{ij}(\omega)$ 表示，$A_{ij}(\omega)$ 由式（3.3）计算。在具体使用模型的过程中，需要对子断层进行划分，并且存在严格的标准，以式（3.5）计算子断层大小：

$$\lg \Delta L = 0.4 M_W - 2 \tag{3.5}$$

式中　ΔL——子断层大小；

　　　M_W——地震的矩震级。

2. EXSIM

针对上述地震动随机模拟方法中的不足之处，Motazedian 和 Atkinson 提出了"动力学拐角频率"的新概念，以解决地震动随机合成中存在的问题。动力学拐角频率是指在地震反应谱上，高频段反应谱曲线从线性区域转换为非线性区域的频率。在随机有限断层模型中，动力学拐角频率是一个重要的参数，用于确定模拟的加速度时程和反应谱是否能够准确地反映实际地震情况。需要明确的是，动力学拐角频率与子断层大小因素的变化没有直接关系，也不会出现多次触发子震的情形。在使用随机有限断层法的时候，破裂需要一定的时间，初始值设定为 0，在这样的情况下，破裂整个面积也会遭受影响。拐角频率和劈裂面积两者是负相关关系。所以，基于动力学拐角频率的随机有限断层法可以有效弥补辐射能量失衡的劣势。使用以下公式表示动力学拐角频率：

$$f_{0ij}(t) = 4.9 \times 10^6 \beta (\Delta\sigma / M_{0ave})^{1/3} N_R(t)^{-1/3} \tag{3.6}$$

式中　$f_{0ij}(t)$——第 ij 个子断层动力学拐角频率；

　　　t——触发时间；

　　　$\Delta\sigma$——应力降；

　　　$N_R(t)$——t 时刻破裂的子断层累计数；

　　　ij——子断层的个数。

使用动力学拐角频率可以很好地解决断层大小波动引起的总辐射失衡的问题，即便是高频远场，也可以使用此模型来展开分析。然而，动力学拐角频率的具体取值受到很多因素如地震烈度、断层类型、地震波频谱等的影响，因此其取值需要进行经验公式的拟合或者基于现场数据的反演。此外，动力学拐角频率只能反映地震波在高频段中的非线性行为，而不能反映在低频段中的非线性行为，因此对于低频段的结构反应还需要其他的指标进行评估。地震破裂扩展的过程中，子断层数量增加的同时，拐角频率呈现逐渐缩小的趋势。动力学拐角频率的有限断层模型在辐射能频谱水平上的差异问题，需要通过补偿因子的使用来积极维护平衡，得到子断层辐射能量傅里叶数值，也就是 $A_{ij}(\omega)$ 的平方，从而确保了断层辐射总能量的守恒。第 ij 个子断层的加速度谱表示为

$$A_{ij}(\omega) = \frac{CM_{0ij}H(2\pi\omega)^2}{1+(\omega/f_{0ij})^2} \tag{3.7}$$

式中 H——补偿因子。

单个子断层的平均辐射能为

$$\overline{E}_s = (1/N)\int\left[\frac{CM_0(2\pi\omega)^2}{1+(\omega/f_0)^2}\right]^2 \mathrm{d}\omega \tag{3.8}$$

根据式（3.7），第 ij 个子断层的辐射能为

$$E_{ij} = \int\left[\frac{CM_{0ij}H(2\pi\omega)^2}{1+(\omega/f_{0ij})^2}\right]^2 \mathrm{d}\omega \tag{3.9}$$

又有

$$M_{0ij} = M_0/N \tag{3.10}$$

则

$$E_{ij} = \overline{E}_s$$

总辐射能量守恒的补偿因子为

$$H = \sqrt{\frac{\int\left[\frac{\omega^2}{1+(\omega/f_0)^2}\right]^2 \mathrm{d}\omega}{\int\left[\frac{\omega^2}{1+(\omega/f_{0ij})^2}\right]^2 \mathrm{d}\omega}} \tag{3.11}$$

上式离散化后为

$$H = \sqrt{N\frac{\sum\left[\frac{\omega^2}{1+(\omega/f_0)^2}\right]^2}{\sum\left[\frac{\omega^2}{1+(\omega/f_{0ij})^2}\right]^2}} \tag{3.12}$$

引入补偿因子 H 对动力学拐角频率 f_{0ij} 对子断层总辐射能的递减影响进行补偿，保持总辐射能不变。通过这一改进，在随机有限断层法具体使用的过程

中，在高频地震环境中，可以很好地减少干扰因素的影响，达到预期的模拟分析效果；可以精准预测地震动变化方向。这些都很好地说明随机有限断层法的优势。EXSIM 使用频率高，应用前景好。当所有子单元都破裂时，动力学拐角频率达到最小值，即静力学拐角频率值，该值由整个断层破裂面的地震矩及应力降计算得出。

3.1.3　用随机有限断层法求解三维面源地震机制

目前，在确定地震动输入参数时，一般都采用传统的点源模型，而工程设计中的最大可信地震，即场址地震地质条件下可能发生的极端地震，常为近场断裂大震，如汶川大地震，还需要考虑点源模型难以反映的面源特征，如断层的破裂模式和时序，震源与场址空间相对位置导致的上盘效应、破裂的方向性效应等。由于地震发震位置、波传播介质和扩散的非线性特性等诸多的不确定性因素，对三维面源地震机制的求解，难以采用确定性模型，因此常采用随机有限断层法。在计算中选用加入动力学拐角频率的震源谱模型，其主要步骤如下：

（1）基于国内外工程地震中普遍采用的场址地震危险性分析成果，选定可能导致最大可信地震的潜在震源中的主断裂作为发震断层，依据经验统计归纳的关系式，并结合能量释放规模所对应的震级，确定断层面的走向、倾向、倾角及其取为矩形断层面的长宽等震源参数。

（2）将断层面划分为可作为点源的子断裂，通过设定其可能的破裂模式、破裂传播的速度及子源与场址的几何关系对各子断裂赋以非均匀错动权重。

（3）基于地震学理论，在频域内确定作为点源的各自断层的相关参数，包括震源谱模型、几何扩散和与品质因子相关的非弹性衰减和非均匀散射的地震波传播效应、从震源深层到地表的放大和能量损失效应。再在选取 $[0, 2\pi]$ 区间均匀分布的随机相位后，将频域内各效应综合成时域内子断裂错动的地震动加速度时程。

（4）考虑破裂模式和时序，将子断裂各次错动的地震动时程综合成坝址的地震动参数。

3.1.4　随机有限断层法模型

地震研究中，关于地震断层的几何参数是至关重要的。这些参数涉及空间方位、断层尺度以及平滑动参数值等要素。通过地震矩张量理论，我们可以描述地震波和地震破裂过程，从而获得地震矩、矩震级和震源能量释放等关键参数。地震矩与滑动位移、断层面积以及岩石弹性参数密切相关，而矩震级则被用来衡量地震的强度和能量释放。虽然可以通过遥感图像识别、地质勘探等方法获取地震断层的几何参数值，以确定统计关系式，研究结论指出地震断层地表破裂长度与地下断层长度存在偏差。此外，人工地震深度和人工爆炸能量之间存在差异，在城市区域内的应用存在一定的局限性。统计分析法被广泛采用，但不同研究角度可能导致结论差异，系数值差异较大，构造背景也会影响系数值。最近的研究者们致力于探究震源参数和矩震级之间的影响机制，这为深入研究地震矩和矩震级之间的关系奠定了基础。因此，综合利用多种方法获取地震断层几何参数是必要的，人工获取断层参数值的局限性需谨慎考虑，统计分析法中系数值的差异性，以及研究背景和角度对结果的影响都需要引起重视。

用随机有限断层法进行地震动模拟时涉及的参数较多，而这些参数在不同地区常表现出较大差异，因此模拟结果存在较大的不确定性。已有研究表明，地震前后的应力分布具有较强的相关性，即地震的发生并没有改变断层原有的一些特性，那么发生在相同或相似断层上的地震也具有一定相似性。因此在进行地震动模拟时，震源参数常借鉴相似构造区的震源参数取值，模拟结果是否合理很大程度上取决于参数的取值。这些参数可以采用遥感、地震地质调查、人工地震勘查、余震分布、地震记录的反演等方法确定，或者利用在相似地区获得的经验统计关系式进行估计。

随机有限断层法将地震加速度视为有限带宽、有限持时的白噪声，其中震源谱通常用 Brene 的 ω^2 模型，将该谱作为随机震源模型的震源谱预测场点处地震动傅里叶幅值谱时，对中小地震的预测结果仍然较好，但对于中等强度（如 $5\sim5.5$ 级）以上的地震，预测结果往往在中低频（$0.1\sim2\,\mathrm{Hz}$）处高于实际观测记录的谱值，震级越高此差别越大，也就是说，相对于预测结果，实际反应谱在中低频处将出现随震级的增加而愈发明显的下垂（sag）现象。人们对 Brene 震源谱模型的强震记录处理分析后，提出了修正的震源谱模型，该模型采用如下形式：

$$S(M_0,f)=\frac{M_0}{\left[1+(f/f_0)^n\right]^b} \tag{3.13}$$

式中 n——高频衰减指数；

　　f——频率；

　　f_0——拐角频率。

式（3.13）中，$b=2/a$，$a=3.05-0.3M_0$。

Kanamori 和 Anderson 基于地震学理论确定了破裂面积和地震矩之间的关系，如下所示：

$$\lg M_0=1.5\lg S+\lg\Delta\sigma+\lg C \tag{3.14}$$

其中　S——断层破裂面积；

　　　$\Delta\sigma$——应力降；

　　　C——常数。

$$C=\begin{cases} \dfrac{16}{7\pi^{3/2}}=0.4105 & \text{（圆盘破裂）}\\[3mm] \dfrac{\pi}{2}\left(\dfrac{W}{L}\right)^{1/2} & \text{（走滑断层）}\\[3mm] \dfrac{\pi(\lambda+2\mu)}{4(\lambda+\mu)}\left(\dfrac{W}{L}\right)1/2 & \text{（倾滑断层）} \end{cases} \tag{3.15}$$

式中　W——断层宽度；

　　　L——断层长度；

　　　λ——断裂的走向角；

　　　μ——摩擦系数。

Hanks 和 Kanamori 通过对美国实测地震记录的研究，得出地震矩和矩震级 M_w 之间的关系为

$$\lg M_0=1.5M_w+16.1 \tag{3.16}$$

破裂面积与矩震级的关系：

$$\lg S=M_w+10.7-2/3(\lg\Delta\sigma-\lg C) \tag{3.17}$$

根据应力降的概念，有

$$\Delta\sigma=C'u\,\frac{\overline{D}}{\dot{L}} \tag{3.18}$$

其中　$\overline{D}$——断层上的平均滑动；

　　　u——剪切模量，$u=3.1\times10^{11}$；

　　　C'——无因次因子。

对应于不同断层，$\dot{L}$ 取值如下：

$$\begin{cases} C'=\dfrac{7\pi}{16},\ \dot{L}=r & \text{（圆盘破裂）}\\[3mm] C'=\dfrac{2}{\pi},\ \dot{L}=W & \text{（走滑断层）}\\[3mm] C'=\dfrac{4(\lambda+\mu)}{\pi(\lambda+2\mu)},\ \dot{L}=W^{1/2} & \text{（倾滑断层）} \end{cases} \tag{3.19}$$

式中 r——圆盘半径。

$\dot{L}$ 可表示为

$$\lg\dot{L}=0.5M_{\mathrm{w}}+5.4+\frac{2}{3}\lg C+\lg C'-\frac{1}{3}\lg\Delta\sigma \tag{3.20}$$

式（3.20）为矩形断层破裂宽度或圆盘断层破裂半径的理论计算公式。

若把发震断层看作一个竖直平面，它的长度 L 可沿用 Wells 和 Coppersmith 的研究成果表示：

$$\lg L=-1.44+0.59M_{\mathrm{w}} \tag{3.21}$$

断层平面的宽度（W）是由断层面积（S）和断层长度（L）决定的：

$$\lg S=-3.49+0.91M_{\mathrm{w}} \tag{3.22}$$

对于矩形断层，其面积为长与宽的积，即 $S=LW$，由此可得

$$\lg\dot{L}=0.5M_{\mathrm{w}}+5.3-\frac{4}{3}\lg C+\lg C'-\frac{1}{3}\lg\Delta\sigma \tag{3.23}$$

因此，平均滑动 $\overline{D}$ 与矩震级的关系式可以表示为

$$\lg\overline{D}=0.5M_{\mathrm{w}}+5.4-\frac{2}{3}(\lg C+\lg\Delta\sigma)-1.15 \tag{3.24}$$

3.1.5 子源参数的确定

子源划分总的约束条件是子震能量之和等于地震破裂面上总的地震释放能量，也就是使各子源的地震矩之和等于破裂面上总的地震矩。对于子源尺度的划分，一些研究者给出了不同的建议。王新国等根据子源合成地震动的经验，认为 4～8 级地震时，均有一特定的子源几何尺度可以使拟合结果较为理想，并认为在大震震级（M）和破裂长度（L）已知的情况下，与子震震级（M_z）对应的子源平均破裂长度 ΔL 可以表示为

$$\log\Delta L=\log L-0.5(M-M_z) \tag{3.25}$$

因此，选择能使子源基本可以视为点源的子震震级，然后根据式（3.13）确定子源几何尺度的大小。M_z 的取值范围一般为 5.0～5.5 级。

利用有限断层模型对地震的发震断层进行划分，确定子源地震矩；再根据大震总地震矩，确定子震个数。

子源地震矩：

$$M_{\mathrm{e}}=\Delta\sigma A\,\Delta L \tag{3.26}$$

子震个数:

$$N_e = \frac{M_0}{M_z} \tag{3.27}$$

叠加所有子源的地震动并考虑其在时域中的顺序,获得整个地震动时程 $a(t)$。

3.1.6　应力降取值对模拟结果的影响

在地震破裂的过程中,地壳中积累的应力扮演着至关重要的角色,是地震释放能量的源泉,也是决定未来地震震级大小的主要控制因素。这些应力来源于多种因素,如背景构造运动、构造抬升、主应力方向的变化、孔隙流体压力的变化、板块碰撞和岩体侵入等。当断层面上的局部剪切应力超过摩擦力时,地震会发生,应力水平也会随之下降。这种应力降可以通过震源谱来估计,它代表了地震过程中断层滑移时沿断层表面的应力部分。滑动和应力降通常呈现空间复杂性,而历史地震中的应力降分布则有助于理解地震破裂的动态过程。在进行震源参数反演时,多台联合反演方法常常被使用,而应力降则代表了平均静态应力降,是一个重要的参考参数。应力降是随机有限断层法中一个重要的影响参数,它不仅能够控制幅值谱的形状,也影响震源谱的幅值。采用随机有限断层法进行地震动模拟时,应力降的取值会对模拟结果产生较大的影响。

地震研究中,自观测数据的复杂性源于地震台站场地和射线路径等耦合特征,这使得恢复震源谱和研究震源参数的反演计算过程复杂而具有挑战性。大多数研究通常假定 Q 值为常数或忽略地震台站场地影响,这种做法限制了对震源参数的全面研究。特别是对中小地震震源谱的计算更为棘手,因为高频部分受传播路径和台站场地影响较大。传统的经验格林函数方法虽然利用小地震记录的观测位移谱作为格林函数,但难以应用于广泛分布的中小地震。为获得准确的震源参数,必须根据真实地震事件波形反演震源谱,并通过拟合真实与理论震源谱来获取相应的参数。在震源参数研究中,首要关注的是地震的震源谱模型,因为理论震源模型能有效地表征震源的特征。理论震源模型可以表示为

$$S(f) = \frac{\Omega_0}{1 + \left(\dfrac{f}{f_0}\right)^n} \tag{3.28}$$

式中　$S(f)$——理论震源谱,震源谱由零频谱值 Ω_0、拐角频率 f_0 及高频衰减系数 n 决定;

Ω_0——零频谱值，反映了地震大小；

f_0——拐角频率，反映了震源尺度大小，地震越小，f_0 越大，震源谱中包含的高频成分越多；

n——高频衰减系数，是指震源谱中大于拐角频率部分的衰减趋势，反映了断层面总体几何形态和地震传播过程。

板内地震较好地符合 ω^2 模型（$n=2$），国内研究也表明 ω^2 震源模型适合中国大陆的中小地震，目前利用震源谱计算应力降等震源参数的研究基本都采用 ω^2 震源模型。

3.2　改进的随机有限断层法求解机制

3.2.1　加入动力学拐角频率的随机有限断层法

Motazedian 等提出动力学拐角频率，将第 ij 个子源的拐角频率表示为

$$f_{0ij}(t)=\left[N_R(t)/N\right]^{-1/3}\times 4.9\times 10^6 \beta(\Delta\sigma/M_0)^{1/3} \tag{3.29}$$

式中　N——主断层面上的子源总数；

$\quad N_R$——破裂传递到第 ij 个子源时累计滑动的子源个数；

$\quad \beta$——介质剪切波速；

$\quad \Delta\sigma$——主断层应力降；

$\quad M_0$——主断层地震矩，用动力学拐角频率 f_{0ij} 替代。

Boore 提出的随机点源模型通过计算每个子源的拐角频率表达破裂过程对子源震源谱的影响。假设不同子源的拐角频率各不相同。将用随机点源模型计算得到的地震动作为子源的格林函数，进而用随机有限断层模型程序 EXSIM 进行叠加，以合成主断层地震动。由于拐角频率在每个子源的计算中是显式的，因此可方便地将动力学拐角频率引入程序 EXSIM 中进行应用。

假定划分的各自源拐角频率各不相同，将第 ij 个子源的拐角频率定义为 f_{0ij}，并假设大小地震的震源谱均符合 Brune 的 ω^2 谱模型：

$$S(f)=\frac{(2\pi f)^2}{1+(f/f_{0ij})^2} \tag{3.30}$$

对于小地震，其拐角频率 f_{0s} 可以通过地震动记录反演得到；对于每个子源，假设 f_{0ij} 与累计滑动的子源个数 N_R 的平方根成反比，表示如下：

$$f_{0ij}=\left(\frac{N}{N_R}\right)^{1/2}f_{0m} \tag{3.31}$$

式中　f_{0m}——主断层地震的拐角频率。

在 Boore 随机点源模型方法中，拐角频率由式（3.32）计算获得：

$$f_0 = 4.9 \times 10^6 \beta (\Delta\sigma/M_0)^{1/3} \tag{3.32}$$

由式（3.32）可得

$$f_{0m} = \left(\frac{\Delta\sigma_m}{\Delta\sigma_s} \frac{M_{0s}}{M_{0m}}\right)^{1/3} f_{0s} \tag{3.33}$$

式中　$\Delta\sigma_m$——主断层的应力降；

　　　$\Delta\sigma_s$——次级断层的应力降；

　　　M_{0m}——主断层的地震矩；

　　　M_{0s}——次级断层的地震矩；

　　　f_{0s}——次级断层的拐角频率。

假设把已经滑动的 N_R 个子源组成一个断层面，这 N_R 个子源的总地震矩为 M_{0r}，依据大震与小震断层参数的定标联系，可以得到如下关系式：

$$n_R = N_R^{1/2} = \left(\frac{M_{0r}}{M_{0s}}\right)^{1/3} \tag{3.34}$$

$$n = N^{1/2} = \left(\frac{M_{0m}}{M_{0s}}\right)^{1/3} \tag{3.35}$$

由式（3.31）、式（3.34）和式（3.35），可以得到如下关系：

$$f_{0ij} = \left(\frac{n}{n_R}\right) f_{0m} = \left(\frac{M_{0m}}{M_{0r}}\right)^{1/3} f_{0m} \tag{3.36}$$

由式（3.36）可以看出，动力学拐角频率 f_{0ij} 与已发生破裂子源的总地震矩 M_{0r} 的立方根成反比。将 N_R 个子源看作一个断层面，式（3.36）具有与式（3.32）同样的意义，即 $M_0 \propto f_0^{-3}$。

基于 ω^2 模型，为将动力学拐角频率 f_{0ij} 引入震源谱模型中，构建一个函数如下：

$$H_{ij}(f) = C_{ij} \frac{1 + (f/f_{0m})^2}{1 + (f/f_{0ij})^2} \tag{3.37}$$

为保证 $H_{ij}(f)$ 在高频（高于小震拐角频率的频段）时接近 1，即函数 $H_{ij}(f)$ 不影响经验格林函数法高频计算的结果，参数必须满足以下条件：

$$f_{0ij} = \frac{f_{0s}}{\sqrt{C_{ij}}} \tag{3.38}$$

由式（3.31）、式（3.33）和式（3.38），可得

$$C_{ij} = \frac{N_R}{N} \left(\frac{\Delta\sigma_m}{\Delta\sigma_s} \frac{M_{0s}}{M_{0m}} \right)^{-2/3} \tag{3.39}$$

进而，函数 $H_{ij}(f)$ 可表达为

$$H_{ij}(f) = C_{ij} \frac{1 + (f/f_{0s})^2}{1 + C_{ij}(f/f_{0s})^2} \tag{3.40}$$

3.2.2 用随机有限断层法求解三维面源地震机制

目前，在确定地震动输入参数时，一般都采用传统的点源模型，而工程设计中的最大可信地震，即场址地震地质条件下可能发生的极端地震，常为近场断裂大震，如汶川大地震，还需要考虑点源模型难以反映的面源特征，如断层的破裂模式和时序，震源与场址空间相对位置导致的上盘效应、破裂的方向性效应等。

由于地震发震位置、波传播介质和扩散的非线性特性等诸多的不确定性因素，对三维面源地震机制的求解，难以采用确定性模型，因此常采用随机有限断层法。在计算中选用加入动力学拐角频率的震源谱模型消除模拟地震动幅值水平对子断层尺寸的依赖性，同时保证远场辐射能不受子断层尺寸的影响，其主要步骤如下：

（1）基于国内外工程地震中普遍采用的场址地震危险性分析成果，选定可能导致最大可信地震的潜在震源中的主断裂作为发震断层，依据经验统计归纳的关系式，由表征能量释放规模的距震级，确定断层面的走向、倾向、倾角及矩形断层面的长宽等震源参数。

（2）将断层面划分为可作为点源的子断裂，通过设定其可能的破裂模式和破裂传播的速度及子源与场址的几何关系，对各子断裂赋以非均匀错动权重。

（3）通过分析频域内与点源断层相关的各种效应确定地震波的传播特性。这些效应包括震源谱模型、几何扩散、与品质因子相关的非弹性衰减和非均匀散射对地震波传播的影响，从震源深层到地表的放大和能量损失效应。在 $[0, 2\pi]$ 区间选取均匀分布的随机相位后，将频域内各效应综合成时域内子断裂错动的地震动加速度时程。

（4）考虑破裂模式和时序，将子断裂各次错动的地震动时程综合成坝址的地震动参数。

3.3　重建汶川紫坪铺大坝坝址地震动

3.3.1 "5·12"汶川地震的震源破裂机制

根据中国地震局和 USGS 等研究机构收集的全球地震网远场地震波形给出

的主震破裂面模型，研究分析"5·12"汶川地震的震源机制解、断层模型和参数。其中图 3.1 所示的加利福尼亚州理工大学构造运动观测组给出的汶川主破裂面模型具有代表性[80]，研究结果表明："5·12"汶川地震发震断层位于龙门山中央主断裂带，其破裂面走向 229°，倾角 33°，破裂面长 260km，宽 28km，破裂速度为 3km/s。震源在东经 103.270°，北纬 31.104°，破裂面上有两个主要的凹凸体。震源区介质密度取自全球地质模型 CRUST2.0，ρ 为 2.75g/cm³。

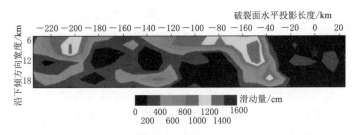

图 3.1　汶川主破裂面模型

3.3.2　断层的破裂模式和时序

根据张勇、赵翠萍等[128-129] 的研究，"5·12"汶川地震的发震断层破裂过程可划分为 4 次相继发生的子破裂事件，其时间、距离、矩震级如表 3.1 所列。采用 Wells 和 Coppersmith 的研究方法，将整个断层划分成 65×7 个 4km×4km 的子源。

表 3.1　　　　　　　　　"5·12"汶川地震子破裂模型参数

参数	时间/s	距离/km	矩震级（M_W）
事件 1	0～16	0～80	7.1
事件 2	17～42	0～220	7.7
事件 3	43～68	100～320	7.6
事件 4	68～100	220～320	7.3

3.3.3　子源参数的确定

地震动随机合成所需参数中，地震动随传播距离的衰减效应用三线型几何衰减模型表达；表达滞弹性衰减效应的区域品质因子 $Q(f)=Q_n f^n$（Q_n 为特定频率 f 下的品质因子，衡量地震波在介质中传播时能量的衰减；n 为品质因子 Q_n 随 f 变化的幂指数），参考地震记录中尾波的分析得到。对四川地区品质因子的研究较多，其中华卫等[130] 针对川滇地区的平原和山区地带给出了两个对

应的品质因子 $206.7f^{0.836}$ 和 $274.6f^{0.423}$。本书中模拟根据计算点或台站所在的地理位置，在上述两个品质因子中选择对应的进行计算。表达局部场地处高频段谱衰减的滤波器的参数 k_0，按 Boore[68] 的建议取 0.04。由于对汶川主震震中区域地质探测数据较少，因此局部场地放大函数仍经验性地取用 Boore 和 Joyner 给出的一般基岩场地和一般土层场地的放大函数。应力降是控制模拟地震动高频段幅值的关键参数，通常指与平均滑动量和破裂长度有关的静应力降。根据张勇等[131] 的研究，"5·12" 汶川地震主震破裂面上的平均应力降为 18MPa，最大应力降达到 53MPa，因而本书中模拟取应力降为 18MPa。综合程万正等[132] 的相关研究，震源区剪切波速 β 取为 3500m/s。

3.3.4 校准台站加速度时程合成分析

紫坪铺大坝附近 7 个台站获得了主震记录，其地理位置如图 3.2 所示。坝址附近获得实测加速度记录的台站信息如表 3.2 所列。其中汶川卧龙等台站布设在土层上，与紫坪铺大坝建立在基岩上不符；郫县走石山和成都中和台站位于断层的下盘，且主震是地震峰值加速度，仅为 0.1g 左右，为远场区域台站，主震地震动中包含太多低频成分，不宜作为校准台站；茂县地办台站距断层 26km，主震时地震动峰值加速度为 0.3g，可认为茂县地办台站为近场区域台站，与紫坪铺大坝坝址同处于发震断层上盘，所以选择茂县地办台站作为校准台站。

根据上述模型参数，采用随机有限断层法，合成茂县地办台站的加速度时程，对比合成与实测的地震波，校验发震模型参数。

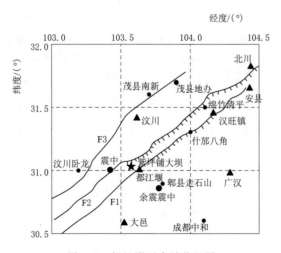

图 3.2　坝址附近台站位置图

表 3.2 坝 址 附 近 台 站 信 息

台站名称	纬度/(°)	经度/(°)	场地类型	顺河向峰值/g
汶川卧龙	31.0N	103.2E	土层	0.96
绵竹清平	31.5N	104.0E	土层	0.82
茂县南新	31.6N	103.7E	土层	0.42
什邡八角	33.3N	104.0E	土层	0.56
茂县地办	31.7N	103.9E	基岩	0.31
郫县走石山	30.9N	103.8E	基岩	0.12
成都中和	30.6N	104.1E	基岩	0.08

分别用静力学拐角频率、动力学拐角频率合成子源尺寸为 1km×1km、2km×2km、4km×4km 三种情况的加速度反应谱并与实际记录的结果进行比较，如图 3.3 所示。

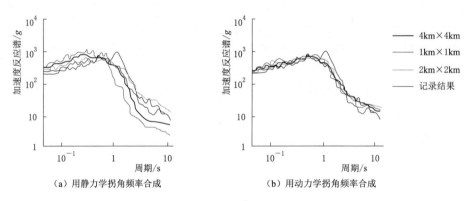

（a）用静力学拐角频率合成 　　　　　（b）用动力学拐角频率合成

图 3.3 不同子源尺寸合成加速度反应谱与实际记录结果的比较

注：加速度反应谱选择非零最小周期作为地震波分析的起点，
符合地震实际低频特征，即横轴原点处数值不为 0。

从图 3.3 看出，用静力学拐角频率合成的加速度反应谱在低频部分拟合较好，在高频部分幅值低估，在周期为 1s 以下阶段幅值跟子源尺寸呈反比，在 1s 以上长周期阶段幅值跟子源尺寸呈正比。在子源尺寸为 4km 时，用静力学拐角频率合成的加速度反应谱与实际记录的结果差距较大。

采用动力学拐角频率对不同子源尺寸合成的加速度反应谱差异不大，且在高频和低频部分都拟合较好。说明采用基于动力学拐角频率的震源谱模型，可以消除拐角频率随破裂面积增加而下降的影响，还能够有效地消除模拟地震动幅值水平对子断层尺寸的依赖性，同时保证远场辐射能不受子断层尺寸的影响，验证了本书采用的动力学拐角频率合成方法的有效性和可靠性。

同时对点源模型难以反映的面源特性也进行考虑，来求解三维面源地震机制。分别用考虑面源特性的求解方法和未考虑面源特性的点源方法合成地震加速度时程。两种方法的结果与实测加速度记录的对比如图 3.4 所示。

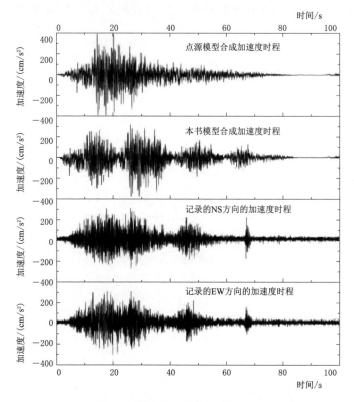

图 3.4　两种方法的结果与实测加速度记录的对比图

由图 3.4 可以看出，采用本书方法合成的加速度时程更接近实测加速度时程，反映了"5·12"汶川地震多次破裂、持续时间长的特征。

综上，采用校验过的模型参数重建"5·12"汶川地震中紫坪铺大坝坝址的地震动，随机合成 20 条加速度时程，其平均 PGA（在地震过程中，某一点处记录的加速度时程曲线的最大绝对值）为 $0.52g$，远大于设计采用的最大加速度 $0.26g$。

3.4　本　章　小　节

本章通过将拐角频率随地震震级的增大而减小的因素考虑在内，克服传统的随机有限断层法合成地震动在高频部分拟合较好而在低频部分拟合不好的缺点，消除合成地震动对子源尺寸的依赖性。采用考虑面源特性的求解方法，考虑破裂模式和时序，生成了可以反映"5·12"汶川地震多次破裂、持续时间长的特征，更加精确的加速度时程，为面板堆石坝的抗震研究提供了基础条件。

第4章 高土石坝地震永久变形计算分析

//

4.1 土石坝有限元计算理论

4.1.1 静力计算模型

在面板堆石坝施工填筑中，堆石区决定了整个混凝土面板堆石坝的应力变形和沉降，同时对混凝土面板的变形也会造成影响，其物理力学性质为：非线性变形、流变特征、压缩性、各向异性、剪胀剪缩特性以及遇水发生湿陷变形等。所以，在有限元计算中，对堆石区应力-应变关系合理的模拟是混凝土面板堆石坝计算结果准确的保证，也是大坝安全的重中之重。

堆石料的本构模型研究始于 1968 年，距今已有 50 多年的历史，我国相关的研究已有四十多年的时间。通过室内试验探究了堆石料的物理力学特征，即在静力加载条件下其展现出的物理力学性质，同时还受到应力历史、初始应力状态、温度、排水条件、土体结构等多种因素的影响，可以说没有哪一种模型能够体现所有的影响因素，来完全描述堆石料的复杂特性。因此，在实际应用中，通常将工程问题与主要影响应力-应变的因素相结合，以确定描述这种本构关系的数学函数表达式。土石坝静力计算过程最终需要采用室内试验和理论推导来验证。在常规数值计算中，常用的模型为非线性弹性模型和弹塑性模型两种，非线性弹性模型包括邓肯-张 E-B 模型、邓肯-张 E-μ 模型以及一系列 K-G 模型等；而弹塑性模型将土体分成弹性变形和塑性变形两部分，采用弹塑性力学进行分析，主要包括剑桥模型、修正的剑桥模型、经典的弹塑性模型、边界面模型、内时模型等[133-137]。

1. 邓肯-张 E-B 和 E-μ 模型

坝体堆石体采用 E-B 模型，下面列出其主要公式。

切线弹性模量 E_t：

$$E_t = K P_a \left(\frac{\sigma_3}{P_a} \right)^n \left[1 - R_f \frac{\sigma_1 - \sigma_3}{(\sigma_1 - \sigma_3)_f} \right]^2 \tag{4.1}$$

根据莫尔-库仑准则得

$$(\sigma_1 - \sigma_3)_f = \frac{2C\cos\varphi + 2\sigma_3\sin\varphi}{1 - \sin\varphi} \tag{4.2}$$

切线体积模量 B_t：

$$B_t = K_b P_a \left(\frac{\sigma_3}{P_a} \right)^m \tag{4.3}$$

因为 $B_t = \dfrac{E_t}{3(1 - 2\mu_t)}$，当 $\mu_t = 0$ 时，$B_t = \dfrac{E_t}{3}$；当 $\mu_t = 0.49$ 时，$B_t = 17E_t$。所以 B_t 限制在 $\dfrac{E_t}{3} \sim 17E_t$ 之间。

因为堆石体的莫尔-库仑强度包络曲线的弧度，在一定程度上表现非线性特征，所以通过式（4.4）对其进行修正：

$$\varphi = \varphi_0 - \Delta\varphi \lg \frac{\sigma_3}{P_a} \tag{4.4}$$

计算中单元应力同时满足下列两个条件：

$$S_i \leqslant 0.95 S_{i-1} \tag{4.5a}$$

$$S_i = \frac{\sigma_1 - \sigma_3}{(\sigma_1 - \sigma_3)_f} \tag{4.5b}$$

$$\sigma_{3i} \leqslant 0.95\sigma_{3i-1} \tag{4.5c}$$

式中　S_i——应力水平；

　　　i——加荷级数；

　　　σ_{3i}——第 i 次固结过程中施加的最小主应力水平。

堆石单元处于卸荷或再加荷状态，E_t 可以用回弹模量表示：

$$E_{ur} = K_{ur} P_a \left(\frac{\sigma_3}{P_a} \right)^{n_{ur}} \tag{4.6}$$

式（4.1）～式（4.6）中，P_a 为大气压强；K、n、R_f、C、φ_0、$\Delta\varphi$、K_b、m、E_{ur}、n 为堆石试验参数，需根据三轴试验测定；K_{ur} 为孔隙应力比。

由于 E-B 模型是建立在二维层面上的，在三维层面上的推广，需要用广义剪应力 q 替代 $(\sigma_1 - \sigma_3)$，以平均应力 p 替代 σ_3，即

$$q = \frac{1}{\sqrt{2}} \left[(\sigma_1 - \sigma_3)^2 + (\sigma_2 - \sigma_3)^2 + (\sigma_1 - \sigma_2)^2 \right]^{\frac{1}{2}} \tag{4.7}$$

$$p = \frac{1}{3}(\sigma_1 + \sigma_2 + \sigma_3) \tag{4.8}$$

用三维问题的莫尔-库仑准则取代抗剪强度：

$$q_{\mathrm{f}} = \frac{3p\sin\varphi + 3c\cos\varphi}{\sqrt{3}\cos\theta_\sigma + \sin\theta_\sigma\sin\varphi} \tag{4.9}$$

其中 θ_σ 为洛德（Lode）应力角，按下式计算：

$$\theta_\sigma = \frac{1}{\tan\left(-\dfrac{1}{\sqrt{3}}\mu_\sigma\right)} \tag{4.10}$$

$$\mu_\sigma = 1 - 2\frac{\sigma_2 - \sigma_3}{\sigma_1 - \sigma_3} \tag{4.11}$$

对于三维问题，式（4.1）、式（4.3）～式（4.6）改写为

$$E_{\mathrm{t}} = KP_{\mathrm{a}} \left(\frac{p}{P_{\mathrm{a}}}\right)^n \left(1 - R_{\mathrm{f}} \frac{q}{q_{\mathrm{f}}}\right)^2 \tag{4.12}$$

$$B_{\mathrm{t}} = K_{\mathrm{b}} P_{\mathrm{a}} \left(\frac{p}{P_{\mathrm{a}}}\right)^m \tag{4.13}$$

$$\varphi = \varphi_0 - \Delta\varphi \lg\frac{p}{P_{\mathrm{a}}} \tag{4.14}$$

$$S_i \leqslant 0.95 S_{i-1}, \quad S_i = \frac{q}{q_{\mathrm{f}}} \tag{4.15a}$$

$$q_{3i} \leqslant 0.95 q_{i-1} \tag{4.15b}$$

式中　S_i——应力水平。

$$E_{\mathrm{ur}} = K_{\mathrm{ur}} P_{\mathrm{a}} \left(\frac{p}{P_{\mathrm{a}}}\right)^{n_{\mathrm{ur}}} \tag{4.16}$$

2. 非线性弹性模型

广义胡克定律是用来推导土体本构关系的非线性弹性模型，在土体受外部荷载的初始阶段，应力较小，应力和应变之间呈线性关系，但随着应力的增加，

应变也呈现出线性变化，同时也反映了变形的非线性特征。通过调整弹性模量常数的值，可以进一步表现出土体的非线性特性。然而，胡克定律却无法反映土体剪胀性，该定律认为土体在受剪应力时不会产生体积应变（又称体应变），而体积应力也不会引起剪应变。该本构模型中的基本应力-应变关系式为

$$\boldsymbol{\sigma} = \boldsymbol{D}\boldsymbol{\varepsilon} \tag{4.17}$$

式中 $\boldsymbol{D}$——弹性矩阵。

$$\boldsymbol{D} = \begin{pmatrix} \lambda+2G & \lambda & \lambda & 0 & 0 & 0 \\ \lambda & \lambda+2G & \lambda & 0 & 0 & 0 \\ \lambda & \lambda & \lambda+2G & 0 & 0 & 0 \\ 0 & 0 & 0 & G & 0 & 0 \\ 0 & 0 & 0 & 0 & G & 0 \\ 0 & 0 & 0 & 0 & 0 & G \end{pmatrix} \tag{4.18}$$

λ、G 均与弹性常数 E、μ 有关。

$$\lambda = \frac{E\mu}{(1+\mu)(1-2\mu)} \tag{4.19}$$

$$G = \frac{E}{2(1+\mu)} \tag{4.20}$$

由于 E、μ 均为常数，因此应力-应变呈线性关系。若假定 E、μ 随着应力改变而变化，即改变弹性模量取值，则应力-应变关系就变为了弹性非线性关系，$\boldsymbol{D}$ 与 σ 构成函数关系，为 $\boldsymbol{D}(\sigma)$，从而式（4.17）就可写为式（4.21）：

$$\boldsymbol{\sigma} = \boldsymbol{D}(\sigma)\boldsymbol{\varepsilon} \tag{4.21}$$

式（4.21）即为非线性弹性模型。

邓肯-张 E-B 和 E-μ 模型、清华大学 K-G 模型以及后来学者们修正改进的 K-G 模型等都是应用广泛的非线性弹性模型的典型代表。这些模型可以较好地模拟土的主要性质，其数值计算的实现也相对容易，非常实用。

3. 弹塑性模型

弹塑性模型可以分为弹性阶段和塑性阶段，其中弹性部分利用胡克定律计算，塑性部分采用塑性理论学计算，最后将两部分变形相加即得

$$\boldsymbol{\varepsilon} = \boldsymbol{\varepsilon}^{\mathrm{e}} + \boldsymbol{\varepsilon}^{\mathrm{p}} \tag{4.22}$$

式中 ε^{e}——弹性应变；

$\quad\quad \varepsilon^{p}$——塑性应变。

为了探究土体塑性变形关系，需要做出以下三个假设：①剪切破坏准则指的是土体单元上的应力状态，屈服被认为是塑性变形的下限应力状态，而破坏是其上限应力状态；②假设土体的硬化规律为各向同性和运动硬化，各向同性硬化假设等效于各向同性塑性变形，而运动硬化指的是材料在反复循环荷载下的硬化现象，在动力学问题中会涉及这一概念；③假设塑性应变增量的方向由土体流动性确定。考虑到土体塑性变形的各向同性特征及塑性应变方向对应力增量方向的依赖性，一般采用多屈服面模型。Lade 提出的双屈服面模型在国外使用较多，国内常用的是沈珠江和殷宗泽分别提出的双屈服面弹塑性模型。

（1）Lade 提出的双屈服面模型。

$$f_1 = I_1^2 + 2I_2 \tag{4.23}$$

$$f_2 = \left(\frac{I_1^3}{I_3} - 27\right)\left(\frac{I_1}{P_a}\right)^m \tag{4.24}$$

式中 I_1、I_2、I_3——第一、第二以及第三应力不变量；

$\quad\quad f_1$、f_2——压缩以及剪切下的屈服面。

该模型只能反映剪切体积应变，无法反映土体的剪缩性，直到后来该模型加入屈服面对模型进行了修正，才能较好地反映剪切体积应变与剪缩性，该模型所含参数较多，因此应用于实践较为麻烦。

（2）沈珠江建议的双屈服面弹塑性模型。

$$f_1 = p^2 + \gamma^2 q^2 \tag{4.25}$$

$$\begin{cases} f_2 = \dfrac{q^s}{p} \\[2mm] p = \dfrac{1}{3}(\sigma_1 + \sigma_2 + \sigma_3) \\[2mm] q = \dfrac{1}{3}\sqrt{(\sigma_1 - \sigma_2)^2 + (\sigma_2 - \sigma_3)^2 + (\sigma_3 - \sigma_1)^2} \end{cases} \tag{4.26}$$

式中 γ——椭圆中长短轴的比值；

$\quad\quad s$——屈服面参数，在计算堆石料时，γ、s 可取 2；

$\quad\quad p$——八面体的正应力；

q——八面体的剪应力；

σ_1、σ_2、σ_3——第一、第二、第三主应力。

（3）殷宗泽建议的双屈服面弹塑性模型：

$$f_1 = \sigma_m + \frac{\sigma_s^2}{M_1^2(\sigma_m + p_r)} = \frac{h\varepsilon_v^p}{1 - t\varepsilon_v^p} \tag{4.27}$$

$$f_2 = \frac{a\sigma_s}{G} + \left[\frac{\sigma_s}{M_2(\sigma_m + p_r) - \sigma_s}\right]^{1/2} = \varepsilon_s^p \tag{4.28}$$

式中　M_1、M_2、h、t、a——参数；

　　　　f_1——代表椭圆，塑性体应变；

　　　　f_2——代表抛物线，塑性剪应变的等值面；

　　　　σ_s、σ_m——土体的屈服应力；

　　　　G——剪切模量；

　　　　ε_v^p——塑性体积应变；

　　　　ε_s^p——塑性偏应变；

　　　　p_r——预固结压力。

沈珠江院士等结合邓肯-张模型和剑桥模型的优点，提出了双屈服面模型；殷宗泽教授通过堆石料的室内三轴试验资料，在修正剑桥模型的基础上提出了双屈服面模型。

至今为止，在面板堆石坝有限元数值计算中，堆石料应用最多的本构模型主要是邓肯-张 E-B 模型和双屈服面弹塑性模型。目前，双屈服面模型在实际应用中的复杂性使其分析问题时显得稍显困难，且该模型的应用仍处于起步阶段。为确保其分析结果的可靠性，需要通过大量实际工程案例进行验证，方能对相应问题进行深入分析。

邓肯-张 E-B 非线性弹性模型能够很好地模拟土体的非线性反应特征，土体的应力应变特性可以根据 E、B 随应力的变化反映出来，且其物理意义比较明确，所包含的参数均可以由室内三轴试验测得，同时现有可靠的工程参数数据可以参考，便于使用该模型进行堆石坝的静力有限元模拟计算，应用非常广泛。

目前，在面板堆石坝静力有限元仿真计算分析中，没有明确规定或者定性的结论来指示选择特定的本构模型，现存的本构模型都无法完全模拟实际工程中堆石料的应力-应变特性，也无法完全涵盖影响堆石料特性的所有因素，所以在选择本构时，大多需要结合实际工程实例来选用合适的本构模型。邓肯-张 E-B 模型不仅能够很好地模拟土体应力变形的主要特点，而且还在实际工程应用中积累了许多经验，简单实用，能够让使用者更好地理解。综上，本书在对土石坝静力有限元数值分析时采用邓肯-张 $E-B$ 模型来进行仿真计算。

4.1.2　接触原理及本构

土与结构之间由于刚度的差异而在两者界面存在一定厚度的不同于一般土体的区域。面板堆石坝中面板与堆石之间、坝肩与堆石之间、土工加筋材料与堆石之间均存在这样的区域。由于受到结构约束和土体变形的共同作用，土与结构接触面会出现应变局部化、大剪切变形等现象，同时土与结构接触面也可能伴随着张闭、脱开等非连续变形。面板堆石坝中面板和垫层的刚度相差较大，两者之间在填筑、蓄水和地震时均可能出现面板与垫层张开引起的面板脱空现象。与砂土、堆石料等颗粒材料的接触面变形特性相似，这些接触面也表现为应力路径相关性、颗粒破碎、蠕变、循环硬化、循环累计变形等特性。在低围压高密度条件下，接触面倾向于发生剪胀，在高围压低密度条件下则倾向于发生剪缩。

相互作用一直以来就是有限元仿真计算中的一个重要问题，其在数值计算中一般以接触面单元的形式进行仿真模拟。在混凝土面板堆石坝中，坝体填筑完成后再进行混凝土面板的浇筑，面板受到荷载的作用，刚性混凝土面板与散粒体堆石材料之间产生了接触面，使得面板与垫层之间产生相互作用，由于两边材料性质相差较为悬殊，在坝体竣工后进行蓄水时由于坝体上游受到水压力的作用，混凝土面板就会产生剪切滑移、与垫层脱离等非连续体变形。整体而言，面板与垫层之间的接触特性是混凝土与垫层堆石料之间产生的摩擦接触，这种接触同样也可传递剪应力。因此，在进行有限元仿真时，必须充分考虑接触面问题的影响。

在此基础上，不同的学者提出了一些反映单调条件下接触面变形特性的本构模型，包括非线性弹性模型、传统弹塑性模型、损伤本构模型、扰动本构模型及状态相关的弹塑性本构模型[133-137]。一些反映循环荷载条件下的接触面也相继提出非线性弹性模型、理想弹塑性模型及弹塑性本构模型。这些模型大都可以反映接触面的循环硬化和累计变形特性。在实际工程中的土与结构间的接触问题（如面板与垫层的接触问题）大多是三维问题。目前在混凝土面板堆石坝的接触面模拟计算中常用的为 Goodman 单元，即无厚度接触单元[138]；另一种是 Desai 单元，即有厚度接触单元[139]；同时，Abaqus 分析软件中也提供了多样的接触面模拟功能。

1. Goodman 单元接触

Goodman 单元由相互作用接触面之间的两对节点组成，其将接触面上的力与位移看做是不交叉影响的，是无厚度单元。基于岩土力学原理，经过发展，Goodman 单元在面板与土料之间、边界接触单元之间、桩和土之间以及防渗墙与土之间普遍使用。Goodman 提出的应力-位移数学关系式如下：

$$
\begin{cases}
\boldsymbol{\sigma} = \boldsymbol{K}_0 \boldsymbol{\omega} \\
\boldsymbol{\omega} = [\omega_x, \omega_y, \omega_z]^T \\
\boldsymbol{\sigma} = [\tau_{xy}, \sigma_{yy}, \tau_{yz}]^T \\
\boldsymbol{K}_0 = \begin{pmatrix} k_{yx} & 0 & 0 \\ 0 & k_{yy} & 0 \\ 0 & 0 & k_{yz} \end{pmatrix}
\end{cases}
\tag{4.29}
$$

式中　　　$\boldsymbol{\sigma}$——接触面上三个方向的应力；

　　　　　$\boldsymbol{\omega}$——接触面上任意一点上下两个面之间的相对位移；

k_{yx}、k_{yy}、k_{yz}——切向弹性系数和法向弹性系数。

Clough 和 Duncan 根据土和其他材料摩擦接触试验，得出接触面之间的非线性剪应力 τ 和相对位移 ω_s 都能用双曲线来近似表示，并延伸到三维有限元问题，非线性剪应力 τ 公式如下：

$$
\tau = \frac{\omega_s}{a + b\omega_s}
\tag{4.30}
$$

式中　τ——接触面的剪应力；

　　　ω_s——接触面的相对位移。

对应的参数可以通过试验得到，由式（4.31）得到切线剪切劲度系数 K_{st}，表达式如下：

$$
K_{st} = \frac{\mathrm{d}\tau}{\mathrm{d}\omega_s} = \left(1 - R_f \frac{\tau}{\sigma_n \tan\delta}\right)^2 K\gamma_w \left(\frac{\sigma_n}{P_a}\right)^n
\tag{4.31}
$$

式中　K、n 和 R_f——非线性指标，由试验确定；

　　　　　　　　δ——接触面的界面摩擦角；

　　　　　　　　γ_w——水的重度；

　　　　　　　　σ_n——法向应力。

2. Desai 薄层单元

Desai 薄层单元是 Desai 在 1986 年提出的一种有厚度的接触单元，考虑到了基本变形及破坏变形都在接触面上产生，即在混凝土面板与垫层堆石料之间会产生一条有厚度的粘连带，形成一个具有较大摩擦接触的有厚度接触带，这样就可以避免无厚度单元可能引起相互作用的物体之间发生单元重叠的现象，其模拟更加接近实际，假定薄层单元厚度为 t，则单元应力-应变关系如下式：

$$\left\{ \begin{array}{c} \sigma \\ \tau \end{array} \right\} = \left[\begin{array}{c} k_{nn} \\ k_{sn} \end{array} \right] \left\{ \begin{array}{c} v_r \\ u_s \end{array} \right\} \tag{4.32}$$

$$\left\{ \begin{array}{c} v_r \\ u_s \end{array} \right\} = \left[\begin{array}{c} t \\ 0 \end{array} \right] \left\{ \begin{array}{c} \varepsilon_n \\ \gamma \end{array} \right\} \tag{4.33}$$

剪切模量式子为

$$G = k_s t \tag{4.34}$$

由上可得

$$\left\{ \begin{array}{c} \sigma_n \\ \tau \end{array} \right\} = \left[\begin{array}{cc} tk_{nn} & tk_{ns} \\ tk_{sn} & tk_{ss} \end{array} \right] \left\{ \begin{array}{c} \varepsilon_n \\ \gamma \end{array} \right\} \tag{4.35}$$

式中　k_{nn}——法向劲度系数，由试验曲线确定；

　　　k_{ss}——切向劲度系数，由试验曲线确定；

　　　k_{ns}——法向和切向之间的交叉劲度系数；

　　　k_{sn}——切向和法向之间的交叉劲度系数。

3. 两种接触面本构的比较和选择

经过研究表明，在进行混凝土面板堆石坝有限元仿真计算时，针对面板与垫层堆石体之间的相互作用，在相互作用面上设置接触单元来进行计算，此时 Goodman 单元和 Desai 薄层单元均可以满足要求，这两种接触单元都有各自的优缺点。

Goodman 单元是一种广泛应用于实际工程中的模型，可以反映接触面切向应力变形的发展。通过试验可以获得该模型所需的参数，并且这些参数的物理意义比较明确，容易理解。在平面情况下，该单元只考虑长度，是一个零厚度的一维单元。当接触面受压时，法向劲度系数被看做一个很大的值，以防止两种材料相互嵌入；受拉时，法向劲度系数被设为一个很小的值，以尽量避免接触面脱离，这个模型还考虑到了接触面的非线性变形。然而，该模型存在一个缺点，即无厚度的特性可能导致两个表面相互嵌入，从而影响接触计算的准确性。

Desai 薄层单元考虑了接触面厚度，相对 Goodman 单元可较为实际地模拟出接触面上的应力-应变关系，与 Goodman 单元相比，其法向劲度系数可以通过试验得到，参数获取较为容易。但单元会受到厚度 t 的影响，t 过大或过小都不妥，会造成接触面粘连不易错开，造成相对位移误差。

综上所述，考虑两种接触单元模型的优缺点之后，认为 Goodman 单元较好理解，其所需参数也在工程中应用较多，使用较为简单，故本书在进行混凝土面板堆石坝静力有限元分析计算时采用 Goodman 单元模型来模拟混凝土面板与堆石料垫层之间的接触特性。

4.1.3　动力计算模型

堆石料的动力特性一般指其在一定的条件（包括力度、密度、排水等）下经受动应力的作用，用合理的特征参数去表征动变形和动强度的发展。当堆石料的动荷载以及动变形较小时，其颗粒之间移动损耗的能量也较小，这就是堆石料的黏弹性力学状态。当堆石料的动荷载增大时，其骨架将产生的变形是不可以恢复的，而此时，颗粒之间移动损耗的能量也较大，地震波在堆石体中的传播速度受到堆石料动应力-应变关系的控制[140]。

目前，我国有相当数量的面板堆石坝位于强震区，如：坝高 156m 的四川紫坪铺面板堆石坝，其基本地震烈度为Ⅶ度；坝高近 100m 的大桥面板堆石坝，坝址的基本地震烈度为Ⅷ度；位于青海的坝高 123m 的黑泉面板堆石坝，其基本地震烈度为Ⅶ度。这些高坝均面临较大的抗震难题，而对面板坝进行设计时，主要还是依靠经验，绝大多数已建的面板堆石坝所处地区的地震强度都较低，紫坪铺面板坝经受了"5·12"汶川地震的考验，其震级是 8 级。面板堆石坝遭受强震的实例较少，缺少面板坝在地震下动力特性的资料，其动力特性受到坝工界越来越多的关注[9]。

近几十年来，国内外关于面板堆石坝的动力计算已经取得一定的进展，国内外学者对面板堆石坝的地震反应做了许多的研究工作。目前，国内外面板坝的动力分析大都采用的是有限元法，并且是在等效非线性的假定条件下进行，为了简化计算，在计算中一般忽略基岩与坝体间的动力相互作用。对面板坝进行动力分析研究时，其方法主要分为两种：①振动模型试验方法；②理论方法。剪切锲法、集中质点法、有限元法、Newmark 法等均属于理论方法。在国外，Seed 等[141] 的工作比较有代表性，其对面板堆石坝的典型剖面进行了二维计算。Bureau 等[142] 采用 MohrCoulomb 模型，也对实际工程进行了二维动力计算。产生的方法和程序比较多，均可以用于面板堆石坝地震反应的二维分析，面板坝有明显的三维效应，这与其修建在峡谷中有很大的相关性，因此，对面板坝进行地震反应的三维动力分析是十分必要的。

我国在堆石体粗粒料的测试技术方面以及动力特性方面的研究取得了比较大的进展，对面板堆石坝动力分析方面的研究比较多，也比较深入，建立了相应的计算模式及方法、开发了相关程序，可以对面板坝进行动力分析，在地震作用下，在面板坝的动力反应特性、破坏机理这两方面的研究也取得了进展，也可以采取一些相应的抗震措施。河海大学的顾淦臣等[143] 针对地震的动力反应，开发了在二维、三维条件下的等效线性模式的分析程序。大连理工大学的韩国城等人为了分析面板堆石坝在地震作用下的残余变形，对等效线性模式下的三维计算程序进行了开发。沈珠江提出了永久变形的模式，编制了相应的计算程序，在地震作用下，可以计算面板坝的永久变形。

混凝土面板堆石坝动力有限元分析中，重点是坝体对地震荷载的响应特征。堆石坝坝体主堆石和覆盖层都属于散土颗粒体，主要还是由颗粒组成的骨架和孔隙水压力中的水和空气组成，当外部受到很大的动应力时，土体内部受到应力增大，结构发生改变，致使土体本身强度消失以及引起永久残余变形。而地震动是一种三维随机性大的不规则荷载，具有非等幅和非周期的特点，当地震动作用于覆盖层时，土体受到的应力加载和卸载再加载的过程是多次的，且因随机性较大导致没有规律。因此，研究混凝土面板堆石坝抗震安全稳定问题，无论是堆石体的动力本构模型还是数值解法的研究，其理论意义和实际意义都是十分巨大的，目前面板堆石坝地震反应的分析主要有两类有限元分析方法，分别为等效线性分析法和非线性分析方法[144]，两类方法的主要不同是采用的本构模型的不同，前者基础原理是等效线性黏弹性模型，后者是黏弹塑性模型。

要分析土体的地震应力及其运动，必须首先建立土的动力计算模型并确定出相应的计算参数。考虑到土石料的非线性特性，动力计算中采用等效线性黏弹性模型，可根据试验成果拟定模型参数。

在地震动有限元分析方法中，等效线性化分析方法自1982年Wood研究指出场地条件对地震动运动的影响之后受到了广泛关注，许多学者都开始研究场地条件与地震动之间的关系，Seed在1968年提出了等效线性化方法，该方法很快得到广泛应用和推广。等效线性模型主要有Ramberg-Osgood模型、Hardin-Drnevich模型、线性黏弹性模型和双线性模型；而等效线性分析是由等效非线性黏弹塑性理论发展来的，是一种比较简单实用的计算方法。

等效线性黏弹性模型由弹性元件——弹簧和黏性元件——阻尼器并联而成，如图4.1所示，表示土在动力作用下的应力是由弹性恢复力和黏性阻尼力共同负担，但是土的刚度和阻尼是与土动应变幅值相关的变量。描述土动应力-动应变关系的滞回曲线形状较为复杂，滞回曲线所围的面积跟剪应变幅值呈正比，滞回曲线的斜度随剪应变幅值的增高而变缓，如图4.2所示。

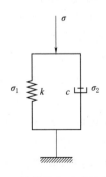

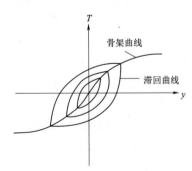

图4.1 等效线性黏弹性模型图　　图4.2 土的动应力-动应变关系

其中土体骨架曲线的非线性和土体滞回曲线的黏滞性分别通过土体的模量衰减曲线和阻尼增长曲线描述。

模型由一个弹性元件和黏性元件并联而成，其应力-应变关系为

$$t = G\gamma + \eta_G \dot{\gamma} \tag{4.36}$$

土体的剪应变 γ 是关于剪切模量 G 和阻尼比 λ 的函数，等效黏弹性模型原理如下：

黏弹性体的 G 和 λ 分别如下：

$$G = \frac{k_2}{1 + k_1 \overline{\gamma}_d} P_a \left(\frac{p}{P_a}\right)^n \tag{4.37}$$

$$\lambda = \frac{k_1 \overline{\gamma}_d}{1 + k_1 \overline{\gamma}_d} \lambda_{\max} \tag{4.38}$$

式中　p——平均应力，其值为 $\frac{1}{3}(\sigma_1 + \sigma_2 + \sigma_3)$；

k_1、k_2——动剪切模量常数；

$\lambda_{\max}$——最大阻尼比；

$\overline{\gamma}_d$——归一化的动剪应变。

$\overline{\gamma}_d$ 表达式如下：

$$\overline{\gamma}_d = 0.65\gamma_{\max} / \left(\frac{\sigma_3}{P_a}\right)^{n-1} \tag{4.39}$$

式中　σ_3——最小主应力；

n——材料参数。

等效线性分析方法运用在有限元仿真模拟软件中计算时，在计算结束后通过后处理输出命令，对单元中心点的最大动剪应变输出为外部文件数据，最后根据材料的动剪切模量比 $G/G_{\max}$ 和阻尼比 $\lambda/\lambda_{\max}$ 与应变水平的关系曲线来进一步确定新的动剪切模量比和阻尼比，作为下一变量继续迭代计算，直到收敛为止，一般需要计算 3～4 次。

综上所述，等效黏弹性模型所用的等效线性化迭代计算的方法容易被人们接受和掌握，其土体计算参数已有大量的数据材料基础，较为完整。因此，本书深厚覆盖层和堆石体的动力有限元模拟计算分析所采用本构模型为等效黏弹性模型。

4.1.4 坝水相互作用的动力平衡方程

1. 动力压力的施加

坝坡会受到库水的压力作用，静力有限元分析中在蓄水期要考虑坝面节点作用的水荷载，在进行动力有限元分析的过程中，也要考虑到动水压力的作用，动水压力与面板堆石坝坝面的加速度反应是相互作用的关系，顾淦臣与张振国[143]运用三维有限元的方法对面板堆石坝进行比较分析，主要分析了考虑动水压力和不考虑动水压力这两种情况，得出的结论为：动水压力对坝坡的影响比较明显，在坝坡比较平缓的情况下动水压力的影响就比较大，同时，对于面板的动应力，动水压力的作用会对其产生较明显的影响，因此在对面板坝的模型进行动力分析的时候，应该对坝体和水体的相互作用予以充分的考虑。

大坝与水体之间的动力相互作用的研究于 1931 年开始进行，Westergard 在研究地震荷载的过程中，对库水和坝面之间的动水压力做出了四个方面的假定：①假设水体是可以压缩的流体；②假设地面的运动为加速度为 a_h 的水平简谐运动；③假设坝为刚性体，即在分析中不考虑坝的变形问题；④假设坝体的迎水面是竖直的，而坝底为水平的，即坝和坝基只有顺河向的水平运动。

动水压力的施加，比较理想的方法是将坝体和水体当做一个整体，一起进行有限单元的划分，而此时需要在水体和坝体作用的面上设置接触面的单元，再进行以后的模拟。但是这种方法所需要的计算时间比较长，对计算机的内存要求也比较高，并且对接触面单元的处理也比较麻烦，因此，目前动水压力的施加常采用的方法为附加质量法，即在坝体地震反应过程中，对动水压力的施加用一个等效的附加质量进行考虑，在进行动力分析的过程中将此附加质量与坝体质量进行叠加。

2. 不可压缩水体坝水相互作用

当水体做小幅的震动时，可以不考虑水体的压缩性，此时动水压力 p 可满足拉普拉斯（Laplace）方程：

$$\frac{\partial^2 p}{\partial x^2} + \frac{\partial^2 p}{\partial y^2} + \frac{\partial^2 p}{\partial z^2} = 0 \tag{4.40}$$

其中，动水压力在水体的自由表面上为 0，在与坝体的接触面上有

$$\frac{\partial p}{\partial n} = -\rho \frac{\partial^2 u_n}{\partial t^2} \tag{4.41}$$

式中　u_n——边界法向位移分量；

　　n——接触面的法向的外方向。

当动水压力作用在单元的边界上时，其方向是在库水的外法线方向上。对于单元边界上任意点的动水压力，可以表示如下：

$$p = N p^e \tag{4.42}$$

式中 p^e——单元节点之上的压力矩阵；

       N——压力分布的形函数。

与水体相接触的坝面各个节点上作用的动水压力如下式：

$$\{p_u\}_{n \times 1} = E_{n \times 3n} \{\ddot{u}_a\}_{3n \times 1} \tag{4.43}$$

式中 E——动水压力的影响矩阵，表示与水体接触的坝面上各个节点发生单位加速度时引起的作用在坝面上的动水压力；

       n——与水体接触的坝面上的节点数目；

       $\ddot{u}_a$——地震时各个节点上的绝对加速度。

作用在边界面之上的面力可以转化为作用在坝面节点上的等效荷载，经过计算，得出作用在上游坝面上的动水压力的等效节点荷载为

$$R_u = -M_w \ddot{u}_a \tag{4.44}$$

式中 M_w——反映水体的质量对坝体运动影响的附加质量矩阵。

3. 动力分析的基本方程

土动力学问题根据动力荷载的性质可以分为两类：①地基边界无界，动力荷载作用在局部的土面之上，也就是在近域的表面荷载是已知的，动力反应由近域至远域是逐渐衰减的；②近域的表面没有荷载，远域传来的边界加速度是已知的。地震荷载属于第二种。

地震作用下，考虑动水压力作用的面板堆石坝的动力平衡方程如下：

$$(M + M_p)\ddot{u}(t) + C\dot{u}(t) + Ku(t) = -(M + M_p)\ddot{u}_g(t) \tag{4.45}$$

式中 M_p——库水的附加质量矩阵，为对角矩阵；

       M——质量矩阵；

       C——阻尼矩阵；

       K——劲度矩阵；

       μ——相对位移；

       $\dot{u}$——相对速度；

       $\ddot{u}$——相对加速度；

       $\ddot{u}_g$——地震加速度。

当不考虑水体的压缩特性时，地震时动水压力对坝体振动产生的影响相当于在上游面上增加了质量 M_p。

当采用 Westergaard 公式考虑动水压力的作用时，动水压力对坝体的影响是通过作用于坝水接触面上各个节点的总动水压力来考虑的，当上游坝面为竖直的情况时，作用在节点 i 上的集中附加质量表示如下：

$$m_{wi} = \frac{7}{8}\rho \sqrt{H_0 y_i} A_i \qquad (4.46)$$

当上游坝面倾斜的时候，面板堆石坝库水的附加质量表示如下：

$$m_{wi} = \frac{\varphi}{90} \frac{7}{8}\rho \sqrt{H_0 y_i} A_i \qquad (4.47)$$

式中　y_i——水深，表示从水面到节点 i 的深度；

A_i——节点 i 所控制的面积；

H_0——节点 i 所在的断面从水面至库底的水深；

φ——上游的坝坡与水平面的夹角。

为了得到库水作用的附加质量矩阵 $\boldsymbol{M}_w$，可以按照式（4.47）对上游坝面上的节点进行分析计算，$\boldsymbol{M}_w$ 为对角矩阵，地震时，面板堆石坝在动水压力作用下的动力平衡方程式可以用下式来表示：

$$(\boldsymbol{M}+\boldsymbol{M}_w)\ddot{\boldsymbol{u}}(t) + \boldsymbol{C}\dot{\boldsymbol{u}}(t) + \boldsymbol{K}\boldsymbol{u}(t) = -(\boldsymbol{M}+\boldsymbol{M}_w)\ddot{\boldsymbol{u}}_g(t) \qquad (4.48)$$

可以看出，式（4.48）的形式同式（4.45），只不过是将附加质量矩阵由 $\boldsymbol{M}_p$ 改为 $\boldsymbol{M}_w$。

4.2　土石坝永久变形计算模型及方法

4.2.1　地震永久变形计算本构

我国的高堆石坝大多处于西部地震活动性强的区域，因此，大坝的抗震稳定性分析及评价是设计中要解决的关键问题[145-146]。学者们最初采用拟静力法计算坝坡抗滑稳定安全系数，并将其作为抗震稳定性评价指标。在拟静力法中，方向和数值大小都变化的地震荷载被简化成一固定的惯性力。根据研究资料表明，目前计算地震永久变形的方法大有：①采用计算与试验相结合的简化方法，即首先根据动三轴等动力试验获得动应力、加载周数等动力因素与土体残余应变之间的关系，然后根据有限元法计算得到土体各单元的动力响应，结合试验结果确定单元的残余应变势，进而计算永久变形；②Newmark 法，1965 年Newmark 将屈服加速度和刚体滑动面假设为基础所建立的滑动体位移计算方法；③Serff 和 Seed 提出的以等效节点力为基础建立的整体变形计算公式。这三种方法运用较为成熟，应用也较多。

滑动体位移法的关键在于屈服加速度和滑动体平均加速度，通过拟静力法可求得屈服加速度（即滑动体开始滑动时该滑动体上的临界加速度），并假定沿破坏面是由于土体内某一点加速度超过材料的屈服加速度而产生的。在地震荷载作用下，假设永久变形是由滑动体的加速度超过材料的屈服加速度后，发生瞬时的失稳而产生的。但假定与实际情况并不符，因此许多学者在其基础上进行了合理的改进。通过对面板堆石坝的震后反应分析发现，永久变形的计算结果在地震烈度较高时明显偏小，陈生水教授以及沈珠江院士[147] 在滑块原理的基础上提出了永久变形的计算方法，主要应用于强震区面板堆石坝及心墙堆石坝。

整体变形分析方法的基础是连续介质力学，计算方法主要采用有限元法，通过结合室内试验研究来确定坝体在地震荷载作用下所产生的整体永久变形，主要方法包括简化分析法、线性和非线性的软化模量法、等效节点法、沈珠江法等，其本构关系一般选用黏弹塑性模型。简化分析方法是通过有限元动力计算结果和残余应变试验来得到坝体的平均残余剪切应变势，最后与坝高相乘即得到预算的永久变形。软化模量法假定静剪切模量由于受到地震荷载而降低，因此坝体永久变形等于由于剪切模量降低而产生的静变形差值。等效节点法认为地震作用导致了坝体各单元一定程度上的应变（可表示为应变势）。由于应变势并不等于各单元的实际应变，为了使应变势引起的应变等同于实际应变，而将地震引起的变形等效为作用于节点上的静节点力，地震永久变形就等于在此节点上产生的附加变形。并结合动力循环三轴试验确定其在相应的荷载条件下的应力-应变关系曲线，最终通过非线性分析计算所得地震永久变形。

中国科学院对紫坪铺面板堆石坝的坝体堆石料做了相关室内大三轴试验——在固结不排水条件下饱和料的动应力与残余剪应变及残余体积应变关系的试验，考虑了残余体积应变和残余剪应变，提出了动力残余体积应变与动力残余剪应变的关系式：

$$\varepsilon_{pv} = K_v \left(\frac{\Delta\tau}{\sigma'}\right)^{n_v} \tag{4.49}$$

$$\gamma_p = (1 + \mu_d) K_a \left(\frac{\Delta\tau}{\sigma'}\right)^{n_a} \tag{4.50}$$

式中　　　　　ε_{pv}——动力残余体积应变；

γ_p——动力残余剪应变；

K_a、n_a、K_v、n_v——以 σ'_3、K_c、N_{eq} 为参数的残余体积应变系数和指数；

$\Delta\tau$——动剪应力；

σ'——有效法向应力；

μ_d——堆石料泊松比。

此外，沈珠江与徐刚 1996 年在不排水条件下对吉林台面板堆石坝堆石料进行了大三轴动力变形室内试验，得出了动力残余体积应变和动力残余剪应变随振动次数的增量关系，表达式如下：

$$\Delta\varepsilon_{pv}=c_1(\gamma_d)^{c_2}\exp(-c_3S_1^2)\frac{\Delta N}{1+N} \tag{4.51}$$

$$\Delta\gamma_p=c_4(\gamma_d)^{c_5}S_1^2\frac{\Delta N}{1+\Delta N} \tag{4.52}$$

式中　　　　$\Delta\varepsilon_{pv}$——动力残余体积应变增量；

$\Delta\gamma_p$——动力残余剪应变增量；

γ_d——动剪应变；

S_1——剪应力水平，即 $S_1=\tau/\tau_f$；

N、ΔN——总振次数及其时段增量；

c_1、c_2、c_3、c_4、c_5——试验参数，由常规动三轴液化试验确定。

4.2.2　地震永久变形

坝体地震永久变形的计算以混凝土面板堆石坝动力分析为基础，对震后坝体的永久位移做一个合理的预测，来判断大坝的安全性，由此看来，永久变形的计算是面板堆石坝抗震设计以及抗震安全评价中一个重要的指标。鉴于等效黏弹性只能求得坝体的地震动过程中瞬时的位移以及加速度，无法求得震动结束后的永久累积位移，就需要另一个对应的计算方法来求得面板堆石坝在地震过程中形成的永久变形。

关于面板堆石坝地震永久变形的计算，一直以来工程学术界对在该变形的预测和计算中是否要同时引入残余体积应变存在较多争议，如不考虑体积应变则可以减轻计算量，使误差更小，但随之而来的一个问题就是震后下游坝坡会产生鼓包现象，坝顶沉降甚至小于水平位移，此结果与已建坝的实测资料不符。综上所述，本书采用可同时考虑参与体积应变和残余剪应变的本构模型预测地震永久变形。

地震永久变形分析是建立在土石坝静力分析和动力反应分析的基础上的，土石坝动力反应分析只能得到坝体各节点在地震过程中的动位移、动应变和动应力时程，不能直接得到地震后的永久变形。计算永久变形，需要在静动力计算中确定坝体各单元的围压、固结比、振次及动应力情况，结合循环三轴试验结果，可以确定土在不同围压、不同固结比、不同振次条件下的残余剪切变形特性和残余体积变形特性。通过静力及地震动力分析和循环三轴实验，确定坝体各单元在地震过程中的残余应变势，由于未考虑相邻单元间的影响，这种应变势并不是各有限元的实际应变。为了求得各单元上与此应变势引起应变相同的实际应变，在有限网格节点上施加一种等效静节点力，将坝体地震过程中产生的残余应变转换为各单元的等效节点力，然后进行静力求解，用所得的位移代替单元残余剪应变对坝体永久变形的影响。该方法不仅考虑了地震惯性力的作用，还将一种不规则的动荷载转化成等效荷载。

等效节点力的确定方法有两种，一种为初应变法，根据有限元理论和残余应变直接计算等效节点力向量 $\left(\Delta \boldsymbol{F} = \iiint_V \boldsymbol{B}^\mathrm{T} \boldsymbol{D} \Delta \boldsymbol{\varepsilon}_\mathrm{P} \mathrm{d}V \right)$，这种方法的关键在于采用合适的残余应变模型，目前常用的是沈珠江模型和南京水利科学研究院模型。另一种方法是初应力法，该方法可以直接体现动力响应的影响，地震动荷载被转化为一定周数的均匀周期应力，将与该周期应力大小相对应的等效节点力施加在单元上，并将动应力与残余应变的关系看作拟静力应力-应变关系进行计算，得到的变形即为永久变形。该方法中比较典型的为 Serff 等效节点法和 Taniguchi 法等。第一种方法中根据 Serff 假设，认为地震作用以水平剪切为主，地震永久变形就是在这些水平动剪应力作用下沿初始静应力方向积累，这个假定动主应力差求不合理；第二种方法概念比较直观，但是在由节点加速度计算等效惯性节点力时加速度方向随时变化，难以确定。沈珠江提出的残余应变模型不但考虑了土体的剪切变形还考虑了体积变形，只需要一套固定参数就可以求得各种应力状态下的残余变形，概念清楚，使用方便，所以本书结合这两种方法的优点，选用沈珠江模型进行永久变形计算。其具体实现步骤可概括如下：

（1）静动力计算：考虑材料的非线性采用邓肯-张模型，用中点增量法对静力平衡方程求解，了解坝体内部应力和位移的分布，通过单元的应力水平分布检验坝体是否静力稳定，确定各单元的初始围压；用等效线性黏弹性模型进行动力计算，采用 Wilson-θ 法求解动力平衡方程，求得土体的动剪应力，同时检验坝料是否液化。

（2）永久变形计算：由各单元应力水平和动剪应力确定等效节点力，把等效节点荷载施加到坝体单元的节点上进行等效静力有限元计算，所求得的土体位移即为坝体永久变形。

4.2.3　等效节点力求解方法

采用沈珠江提出的残余应变模型计算残余体应变和残余剪应变：

$$\varepsilon_\mathrm{vr} = c_\mathrm{vr} lfg(1+N) \tag{4.53}$$

$$\gamma_\mathrm{r} = c_\mathrm{dr} lfg(1+N) \tag{4.54}$$

$$c_{vr} = c_1 (\gamma_d)^{c_2} \exp(-c_3 S_1^2) \tag{4.55}$$

$$c_{dr} = c_4 (\gamma_d)^{c_5} S_1^2 \tag{4.56}$$

式中 ε_{vr}——残余体应变，表示土体在循环荷载作用下的体积应变；

c_{vr}——残余体积应变系数；

γ_r——残余剪应变；

N——等效振动次数；

$c_1 \sim c_5$——试验参数，通过室内三轴试验确定。

然而，沈珠江模型未考虑围压的影响，研究表明高应力围压状态下的计算结果偏大。为此，邹德高等进一步探讨了应力水平对残余剪应变的影响，提出了改进的沈珠江模型。将式（4.53）、式（4.54）表示成增量形式为

$$\Delta \varepsilon_{vr} = c_1 (\gamma_d)^{c_2} \exp(-c_3 S_1^2) \frac{\Delta N}{1+N} \tag{4.57}$$

$$\Delta \gamma_r = c_4 (\gamma_d)^{c_5} S_1^2 \frac{\Delta N}{1+N} \tag{4.58}$$

式中 $\Delta \varepsilon_{vr}$、$\Delta \gamma_r$——残余体应变、残余剪应变增量；

γ_d——动剪应变；

S_1——应力水平；

N、ΔN——振动次数及其增量；

c_1、c_2、c_3、c_4、c_5——试验参数。

该模型假定 S_1 对 c_{vr} 无影响，即式中 $c_3 = 0$。

根据求得的残余体应变和残余剪应变推求土体单元的应变势 $\Delta \boldsymbol{\varepsilon}_P$，并转换成直角坐标系下的残余应变列向量，推导过程如下：

把 $Q = Q(p, q)$ 看做塑性势面，则塑性应变：

$$d\varepsilon_{ij}^p = d\lambda \frac{\partial Q}{\partial \sigma_{ij}} \tag{4.59}$$

式中 λ——塑性乘子；

σ_{ij}——应力张量。

$$\begin{cases} \dfrac{\partial Q}{\partial \sigma_{ij}} = \dfrac{\partial Q}{\partial p} \dfrac{\partial p}{\partial \sigma_{ij}} + \dfrac{\partial Q}{\partial q} \dfrac{\partial q}{\partial \sigma_{ij}} \\[3mm] \dfrac{\partial p}{\partial \sigma_{ij}} = \dfrac{1}{3} \delta_{ij} \\[3mm] \dfrac{\partial q}{\partial \sigma_{ij}} = \sqrt{3} \dfrac{\partial (\sqrt{J_2})}{\partial J_2} \dfrac{\partial J_2}{\partial \sigma_{ij}} = \dfrac{\sqrt{3}}{2\sqrt{J_2}} s_{\min} \dfrac{\partial s_{\min}}{\partial \sigma_{ij}} = \dfrac{\sqrt{3}}{2\sqrt{J_2}} s_{ij} \end{cases} \tag{4.60}$$

将式（4.60）代入式（4.59）中得

$$d\varepsilon_{ij}^{P} = \frac{1}{3}\delta_{ij}d\lambda\frac{\partial Q}{\partial p} + \frac{\sqrt{3}}{2\sqrt{J_2}}s_{ij}d\lambda\frac{\partial Q}{\partial q} \tag{4.61}$$

由此可得

$$d\varepsilon_{v}^{P} = d\lambda\frac{\partial Q}{\partial p} \tag{4.62a}$$

$$de_{ij}^{P} = d\varepsilon_{ij}^{P} - \frac{1}{3}d\varepsilon_{v}^{P}\delta_{ij} = \frac{\sqrt{3}}{2\sqrt{J_2}}s_{ij}d\lambda\frac{\partial Q}{\partial q} \tag{4.62b}$$

在三轴试验下有：$d\gamma^{P} = d\lambda\dfrac{\partial Q}{\partial q}$。

将 $d\gamma^{P} = d\lambda\dfrac{\partial Q}{\partial p}$ 代入式（4.62）得

$$d\varepsilon_{ij}^{P} = \frac{1}{3}d\varepsilon_{v}^{P}\delta_{ij} + \frac{\sqrt{3}}{2\sqrt{J_2}}s_{ij}d\gamma^{P} \tag{4.63}$$

上式中：
$$J_2 = \frac{1}{3}q^2 = \frac{1}{2}S_{ij}S_{ji} = \tau_s^2$$

所以式（4.63）可变为

$$d\varepsilon_{ij}^{P} = \frac{1}{3}d\varepsilon_{v}^{P}\delta_{ij} + \frac{\sqrt{3}}{2\sqrt{\frac{q^2}{3}}}S_{ij}d\gamma^{P} = \frac{1}{3}d\varepsilon_{v}^{P}\delta_{ij} + \frac{3}{2q}S_{ij}d\gamma^{P} \tag{4.64}$$

最大剪应变：
$$\gamma_{max}^{P} = \frac{3}{2}\gamma^{P}$$

所以式（4.64）可写为 $d\varepsilon_{ij}^{P} = \dfrac{1}{3}d\varepsilon_{v}^{P}\delta_{ij} + \dfrac{d\gamma_{max}^{P}}{q}S_{ij}$。

转换后的单元应变势 $\Delta\varepsilon_{P}$ 为

$$\Delta\boldsymbol{\varepsilon}_{P} = \begin{Bmatrix} \Delta\varepsilon_x \\ \Delta\varepsilon_y \\ \Delta\varepsilon_z \\ \Delta\varepsilon_{xy} \\ \Delta\varepsilon_{yz} \\ \Delta\varepsilon_{zx} \end{Bmatrix} = \frac{1}{3}\Delta\varepsilon_{v}^{P}\begin{Bmatrix} 1 \\ 1 \\ 1 \\ 0 \\ 0 \\ 0 \end{Bmatrix} + \frac{\Delta\gamma_{max}^{P}}{q}\begin{Bmatrix} \sigma_x - p \\ \sigma_x - p \\ \sigma_x - p \\ 2\tau_{xy} \\ 2\tau_{yz} \\ 2\tau_{zx} \end{Bmatrix} \tag{4.65}$$

式中 q——广义剪应力；

　　　 p——平均主应力。

将转换后的单元应变势 $\Delta\boldsymbol{\varepsilon}_P$ 代入式（4.66）计算等效节点力：

$$\Delta\boldsymbol{F} = \iiint_V \boldsymbol{B}^{\mathrm{T}} \boldsymbol{D} \Delta\boldsymbol{\varepsilon}_P \mathrm{d}V \tag{4.66}$$

可以看出永久变形计算理论的重点是得到单元应变势 $\boldsymbol{\varepsilon}_P$，利用上述理论方法，运用 Fourtrun 语言编制由动剪应变 γ_d 计算得到 $\boldsymbol{\varepsilon}_P$ 的子程序，导入变形计算所需的静动力计算结果。由于 Abaqus 中没有初始应变输入项，因此需要根据单元的刚度矩阵和初始应变计算各单元的初始应力，所以编制的新程序，需计算出各单元的初始应力 $\boldsymbol{\sigma} = \boldsymbol{D}\Delta\boldsymbol{\varepsilon}_P$，并将得到初始应力 $\boldsymbol{\sigma}$ 导入 Abaqus 主程序中。

在 Abaqus 中保持静力计算的单元，节点信息等模型数据不变，把得到的 $\boldsymbol{\sigma}$ 看作初始应力，将加载步设置成重力荷载，不添加其他荷载，运行计算得到永久变形。

4.3　静力有限元分析在 Abaqus 中的实现

4.3.1　Abaqus 软件简介

Abaqus[148] 是一款功能强大的工程仿真有限元软件，可以进行从相对简单的线性分析到许多复杂的非线性问题的精确仿真模拟分析。该软件因其广泛的材料建模能力以及程序的定制灵活性而受到非学术界和研究机构的欢迎。例如，用户可以定义自己的材料模型，以便在 Abaqus 中模拟新材料。此外还提供了一系列良好的多物理场功能，最早用于飞机结构静、动态特性模拟分析，最后广泛用于求解热传导、电磁场、流体力学等连续问题。作为一种较为常用的仿真工具，Abaqus 最初旨在解决非线性物理行为，该软件可以自定义模型材料，可以解决大量的结构（应力/位移）问题和仿真模拟其他工程领域的问题，例如可以模拟弹性（类橡胶）和超弹性（软组织）材料功能。

Abaqus 软件在面对材料非线性、几何非线性和状态非线性问题时具有非常明显的优势。其核心分析模块为 Abaqus/Standard 及 Abaqus/Explicit，它们是互补和集成的分析工具。Abaqus/Standard 是一个通用的有限元模块，特别适合用于处理平滑非线性问题和大多数线性问题，因此在工程中应用较为广泛；Abaqus/Explicit 在面对高速动态以及瞬时动态问题时有着很好的求解能力，但通常情况下 Abaqus/Standard 也可以解决瞬时动态问题，但材料之间的相互作用和材料的复杂性会导致计算难以收敛，从而导致大量的迭代计算。

Abaqus 软件不仅具有优秀的前处理部分、有限元分析部分和后处理部分，也提供了一些基础的本构模型，同时还设置用户自定义端口，供用户根据自己的需求用计算机编程语言来编制本构模型子程序进行二次开发，通过作业模块植入到计算过程中去，来运用特定的数学模型得到更好的仿真计算模拟结果。本书所采用的邓肯-张 E-B 静力本构、等效黏弹性模型动力本构以及沈珠江残余变形模型在 Abaqus 内部没有，所以均需要通过 Fortran 计算机语言进行编程，再连接到软件中进行有限元仿真模拟计算。

4.3.2 面板堆石坝施工模拟

在实际工程中，面板堆石坝的堆石体施工填筑碾压是逐层进行的；在软件中模拟堆石坝的施工填筑有分级加载非线性模式和一次性加载模式，这个模式在设计上有所不同，其应力结果没有区别，但一次性加载模式相对于仿真模拟在坝体竣工后位移上却严重失实。在面板堆石坝静力填筑模拟中，应当采用分级加载即分层填筑的方法来模拟实际的堆石坝填筑工程，将每一层填筑层作为一个荷载增量进行迭代计算。

理论上，堆石体静力填筑模拟每一级填筑层越薄，设置的填筑分层越多，则计算结果越准确，但由于有限元计算对计算机硬件有一定的要求，堆石坝分层填筑施工模拟需要将层数控制在可计算范围内。

在方法上，利用 Abaqus 中相互作用模块中的 * Model Change 来改变模型表达形式这一设置来实现真实的填筑情况。将模型进行分区处理，最后设置单元生死功能，先"杀死"除底层之外的所有的分层，然后在随后分析步内一个个将"杀死"的层级再进行激活，等所有的填筑分析步运行完，即可得到完整的堆石坝分层填筑过程以及结果。

4.3.3 上游蓄水过程模拟

在面板堆石坝施工模拟分析时了解到，逐级加载与一次性施加荷载差别很大，虽然对应力以及水平位移影响不大，却影响最终坝体沉降。因此，对面板堆石坝施工模拟结束后，待面板堆石坝填筑完毕需要对上游进行蓄水模拟，同样采用分级施加库水荷载。随着库水位的上升堆石坝受到的水压力也逐渐增大，本书按照三级加载水压力，水压力的计算采用静水压力计算公式，其在坝高为 h 的坝面水压力表达式为

$$p = \gamma(h_1 + h_2 + h_3 - h) \tag{4.67}$$

式中　　h_1——第一次加载的高度；

　　h_1+h_2——第二次加载的高度；

$h_1+h_2+h_3$——第三次加载的高度。

　　本书在模拟上游蓄水时，采用 Abaqus 中的 Surface traction 即表面施加向量函数来定义荷载，根据用户自定义设置的函数来模拟大坝的上游蓄水过程。

4.4　动力有限元分析在 Abaqus 中的实现

4.4.1　动水压力的模拟施加

　　混凝土面板堆石坝静力计算中要考虑蓄水情况下坝体的应力和位移，因在地震动发生时，坝体很少情况下能处于空库状态，所以要仿真模拟堆石坝动力响应下的结果，动水压力的作用影响是必须要考虑的要素之一。动水压力与面板堆石坝坝坡的加速度反应是相互作用的关系，在坝坡比较平缓的情况下动水压力的存在对坝体影响就比较大，因此，面板堆石坝的动力分析应对动力压力进行合适的模拟。

　　动水压力的施加，比较常用的方法是附加质量法，在坝体地震反应过程中，将动水压力当作一个整体，将动水压力以质量矩阵方法与坝体质量进行叠加。动水压力 p 即可用拉普拉斯方程表达，表达式为

$$\frac{\partial^2 p}{\partial x^2}+\frac{\partial^2 p}{\partial y^2}+\frac{\partial^2 p}{\partial z^2}=0 \tag{4.68}$$

　　在水体自由表面 $p=0$，和坝体接触面的边界条件为

$$\frac{\partial p}{\partial n}=-\rho\,\frac{\partial^2 u_n}{\partial t^2} \tag{4.69}$$

式中　　u_n——边界法向位移分量；

　　n——接触面法向的方向，方向为指向水体方向为正；

　　ρ——水体密度。

4.4.2　动力仿真计算时程分析法的实现

　　动力时程分析法是将地震加速度的时程记录输入结构基本运动方程中，并进行积分，从而求得结构在整个地震加速度时程内的动力响应的一种动力计算方法，其结果可直接反映出结构地震作用效应。这种方法可以很好地在 Abaqus软件中进行模拟。

采用时程分析法对高面板堆石坝进行地震反应分析时，在 Abaqus 中实现过程如下：

（1）在面板堆石坝根据邓肯-张 $E-B$ 模型完成静力有限元分析之后，输出模型每个单元的平均有效应力。

（2）将平均有效应力作为模型动力分析的初始状态变量值，编写 * txt 或 .csv 文件，用关键字语言写入 Abaqus 计算中，运用动力本构模型进行计算分析。

（3）将选用的地震波时程曲线数据创建为幅函数，以加速度的形式作用于模型底部，提交计算，得出新的状态变量值并输出，利用拟合出的堆石料的等效剪切模量比以及阻尼比公式，得出新的状态变量值，在此基础上继续提交计算。

（3）重复上一步的步骤，进行迭代计算，一般需要 2～3 次，直到求出每一次的状态变量值曲线之间接近重合，意味着计算达到收敛，得到的结果即为正确的计算结果。

4.4.3 多自由度体系的动力方程

在地震动的动力荷载作用下的面板堆石坝，每个坝体单元位移、加速度和速度都在随着输入地震波幅度的变化而不断变化着。其多自由度体系地震反应的运动方程可基于最小势能原理建立，则结构整体动力方程为

$$\boldsymbol{M}\ddot{\boldsymbol{u}}(t)+\boldsymbol{C}\dot{\boldsymbol{u}}(t)+\boldsymbol{K}\boldsymbol{u}(t)=\boldsymbol{P}(t) \tag{4.70}$$

式中　$\boldsymbol{M}$——质量矩阵；

$\quad\quad\boldsymbol{C}$——阻尼矩阵；

$\quad\quad\boldsymbol{K}$——劲度矩阵；

$\quad\quad\ddot{\boldsymbol{u}}(t)$——相对加速度；

$\quad\quad\dot{\boldsymbol{u}}(t)$——相对速度；

$\quad\quad\boldsymbol{u}(t)$——相对位移；

$\quad\quad\boldsymbol{P}(t)$——外力向量。

4.4.4 多自由度体系的动力平衡方程

当地震发生时，动力方程［式（4.70）］就可写为动力平衡方程：

$$\boldsymbol{M}\ddot{\boldsymbol{u}}(t)+\boldsymbol{C}\dot{\boldsymbol{u}}(t)+\boldsymbol{K}\boldsymbol{u}(t)=-\boldsymbol{M}\ddot{\boldsymbol{u}}_g(t) \tag{4.71}$$

式中　$\ddot{\boldsymbol{u}}_g(t)$——地震加速度。

第5章　基于蜂群优化算法的神经网络高土石坝永久变形参数反演

5.1　ABC算法优化BP神经网络基本原理

5.1.1　BP神经网络原理及缺陷

1. 人工神经网络概念

人工神经网络（artificial neural network，ANN）最早灵感来源于生物学家对大脑的研究。人工神经网络是模仿大脑工作原理，依照大脑处理信息的模式而产生的模型，是根据这种模式抽象出来的一种信息处理方式。人脑中大量生物神经元的存在，使得处理信息的方式十分复杂且高效。人工神经网络由众多小的元件构成。这些单元可以是一个个小的元器件，这些元器件通过某种规律组成了人工神经网络。人工神经网络展现出强大的运算能力，以及逻辑推理和非线性映射能力，使得人工神经网络在学习能力、容错能力等方面具有较强的优势，同时在并行处理、非线性映射处理方面，也具备独特优点。人工神经网络是20世纪80年代以来人工智能领域兴起的研究热点。它从信息处理角度对人脑神经元网络进行抽象，建立某种简单模型，按不同的连接方式组成不同的网络。在工程与学术界也常直接简称为神经网络或类神经网络。神经网络是一种运算模型，由大量的节点（或称神经元）相互连接构成。每个节点代表一种特定的输出函数，称为激励函数（activation function）。每两个节点间的连接都代表一个通过该连接信号的加权值，称之为权重，这相当于人工神经网络的记忆。网络的输出则根据网络的连接方式、权重值和激励函数的不同而不同。而网络自身通常都是对自然界某种算法或者函数的逼近，也可能是对逻辑策略的一种表达。

随着现代社会科技的不断发展，生物神经学的研究不断深入。在生物神经学的研究过程当中，人们发现可以模仿生物神经网络的工作原理对复杂信息进行非线性关系表示和逻辑操作，从此人工神经网络理论应运而生。人工神经网络的研究工作不断深入，已经取得了很大的进展，其在模式识别、智能机器人、自动控制、预测估计、生物、医学、经济等领域已成功地解决了许多现代计算机难以解决的实际问题，表现出了良好的智能特性。学术界已经提出了多种人工神经网络模型。人工神经网络是对人脑的抽象和模拟。从人工神经网络的工作模式我们可以窥探到大脑的工作模式和信息处理机制。目前对人工神经网络的研究主要是改善网络的泛化性能。网络泛化性能可以预测网络中未作为训练样本出现的情况，并且对这些未出现的情况进行正确的预测处理。网络泛化性能的改善现阶段主要应用全局优化算法（如遗传算法、粒子群优化算法等）。

人工神经网络是由大量处理单元互联组成的非线性、自适应信息处理系统。它是在现代神经科学研究成果的基础上提出的，试图通过模拟大脑神经网络处理、记忆信息的方式进行信息处理。人工神经网络具有四个基本特征：

（1）非线性：非线性关系是自然界的普遍特性。大脑的智慧就是一种非线性现象。人工神经元处于激活或抑制两种不同的状态，这种行为在数学上表现为一种非线性关系。具有阈值的神经元构成的网络具有更好的性能，可以提高容错性和存储容量。

（2）非局限性：神经网络是由许多神经元构成的复杂网络，这些神经元间存在广泛的连接。系统的行为不仅取决于单个神经元的特征，更多的是由神经元之间的相互作用、连接模式塑造。这种通过神经元之间的广泛连接模拟大脑的非局部性，使得联想记忆成为非局部性的典型例子。

（3）非常定性：人工神经网络具有自适应、自组织、自学习能力。神经网络不但处理的信息可以有各种变化，而且在处理信息的同时，非线性动力系统本身也在不断变化。经常采用迭代过程描写动力系统的演化过程。

（4）非凸性：一个系统的演化方向，在一定条件下将取决于某个特定的状态函数。例如能量函数，它的极值相应于系统比较稳定的状态。非凸性是指这种函数有多个极值，故系统具有多个较稳定的平衡态，这将导致系统演化的多样性。

人工神经网络中，神经元处理单元可表示不同的对象，例如特征、字母、概念，或者一些有意义的抽象模式。网络中处理单元的类型分为三类：输入单元、输出单元和隐单元。输入单元接受外部世界的信号与数据；输出单元实现系统处理结果的输出；隐单元是处在输入和输出单元之间，不能由系统外部观察的单元。神经元间的连接权值反映了单元间的连接强度，信息的表示和处理体现在网络处理单元的连接关系中。人工神经网络是一种非程序化、适应性、大脑风格的信息处理，其本质是通过网络的变换和动力学行为得到一种并行分布式的信息处理功能，并在不同程度和层次上模仿人脑神经系统的信息处理功能。它是涉及神经科学、思维科学、人工智能、计算机科学等多个领域的交叉学科。

人工神经网络是并行分布式系统，采用了与传统人工智能和信息处理技术完全不同的机理，克服了传统的基于逻辑符号的人工智能在处理直觉、非结构化信息方面的缺陷，具有自适应、自组织和实时学习的特点。人工神经网络的特点和优越性，主要表现在三个方面：①具有自学习功能。例如实现图像识别时，先把许多不同的图像样板和对应的应识别的结果输入人工神经网络，网络就会通过自学习功能，慢慢学会识别类似的图像。自学习功能对于预测有特别重要的意义。预期未来的人工神经网络计算机将为人类提供经济预测、市场预测、效益预测，其应用前途是很远大的。②具有联想存储功能。用人工神经网络的反馈网络就可以实现这种联想。③具有高速寻找优化解的能力。寻找一个复杂问题的优化解，往往需要很大的计算量，利用一个针对某问题而设计的反馈型人工神经网络，发挥计算机的高速运算能力，可能很快找到优化解。

2. 人工神经网络的学习方式

人工神经网络可以分为两个阶段：①学习阶段，此时人工神经网络神经元的数量和状态都不变，各个神经元之间的权值通过学习变化；②工作阶段，各个神经元之间的权值不变，人工神经网络神经元的数量和状态发生变化，以达到某种稳定状态。

人工神经网络具有信息处理和存储能力，这种能力基于神经元之间连接的强度，而这种连接强度可以通过学习过程来调整。学习的过程需要遵循特定的标准和原则。通过大量样本的训练，可以快速提高人工神经网络性能。

神经网络的学习方法有两大类：监督学习和非监督学习。监督学习的特点是神经网络在训练过程中把样本的实际输出作为网络的正确输出，以此作为输出函数的训练目标。通过调整权重使得神经网络的输出与实际标签之间的误差最小化，经过多次训练后泛化到新数据上。非监督学习与监督学习不同的是它没有一个正确的输出标准，这种方式最大的缺点是训练学习时的盲目性较大，直接把神经网络的学习和工作阶段置于网络环境中。它的学习法则是：神经网络的参数调节方式是自组织性的，按照网络的自身统计规律进行不断完善，但是训练学习的过程中目的性很差，没有明确的明确目标。

3. BP 神经网络概念

BP 神经网络[149] 的全称是反向传播神经网络（backpropagation neural network），是一种监督学习算法，是深度学习的基础，常被用来训练多层感知机。

在人工神经网络的发展历史上，感知机（multilayer perceptron，MLP）网络曾对人工神经网络的发展起到了极大的作用，也被认为是一种真正能够使用的人工神经网络模型，它的出现曾掀起了人们研究人工神经元网络的热潮。单层感知网络（M-P模型）作为最初的神经网络，具有模型清晰、结构简单、计算量小等优点。但是，随着研究工作的深入，人们发现它还存在不足，例如无法处理非线性问题，即使计算单元的作用函数不用阀函数而用其他较复杂的非线性函数，仍然只能解决线性可分问题，不能实现某些基本功能，从而限制了它的应用。增强网络的分类和识别能力、解决非线性问题的唯一途径是采用多层前馈网络，即在输入层和输出层之间加上隐含层。构成多层前馈感知器网络。

20 世纪 80 年代中期，David Rumelhart、Geoffrey Hinton 和 Ronald Wllians、DavidParker 等人分别独立发现了误差反向传播算法（error back propagation training），系统解决了多层神经网络隐含层连接权学习问题，并在数学上给出了完整推导。人们把采用这种算法进行误差校正的多层前馈网络称为 BP 网。

BP 神经网络具有任意复杂的模式分类能力和优良的多维函数映射能力，解决了简单感知器不能解决的异或（exclusive OR，XOR）和一些其他问题。从结构上讲，BP 神经网络具有输入层、隐藏层和输出层；从本质上讲，BP 算法就是以网络误差平方为目标函数、采用梯度下降法来计算目标函数的最小值。

BP 神经网络是一种基于误差方向传播的多层前馈网络，采用 Widrow - Hoff 学习算法和非线性可微转移函数，是目前应用最广泛的神经网络模型之一。典型的 BP 神经网络采用的是梯度下降算法，以期使网络的实际输出值和期望输出值的误差均方差为最小。基本 BP 算法包括信号的前向传播和误差的反向传播两个过程，即计算误差输出时按从输入到输出的方向进行，而调整权值和阈值则从输出到输入的方向进行。正向传播时，输入信号通过隐含层作用于输出节点，经过非线性变换，产生输出信号，若实际输出与期望输出不相符，则转入误差的反向传播过程。误差反传是将输出误差通过隐藏层向输入层逐层反传，并将误差分摊给各层所有单元，以从各层获得的误差信号作为调整各单元权值的依据。通过调整输入节点与隐藏层节点的连接强度和隐层节点与输出节点的连接强度以及阈值，使误差沿梯度方向下降，经过反复学习训练，确定与最小误差相对应的网络参数（权值和阈值），训练即告停止。此时经过训练的神经网络即能对类似样本的输入信息自行处理，输出误差最小的经过非线形转换的信息。

BP 神经网络有三层神经元，分别是输出层神经元、输入层神经元以及隐含元。输入层神经元获取信息，隐含元处理信息，输出层神经元输出信息，三者之间各有分工。BP 神经网络学习的过程有正反两个方向。正向传播是一个信号尝试过程，反向传播是一个反馈过程。如果期望值和输出值在控制范围之外，则可以调节神经元之间的权值，经过反复调节，可以使网络达到最优。BP 神经网络作为一种多层神经网络在研究与应用中非常实用。数学研究表明，BP 神经网络中只需一个隐藏层，就能够映射任意精度的连续非线性函数。

随着计算能力的提升和数据集的增大，深度 BP 神经网络（如卷积神经网络、递归神经网络）得到了广泛应用。特别是卷积神经网络（convolutional neural network，CNN）和递归神经网络（recurrent neural network，RNN），已经成为人工智能领域的重要分支。这些网络通过模拟人脑的处理机制，能够自动从大量数据中学习复杂的特征表示。ImageNet 分类竞赛的成功标志着深度学习技术在图像识别领域的突破。此外，深度卷积神经网络的发展及其在计算机视觉、自然语言处理等多个领域的应用，进一步推动了人工智能的研究和应用。

为了提高网络的泛化能力和训练效率，研究引入了多种改进算法。Dropout 技术被用来减少过拟合问题；Batch Normalization 技术通过规范化层输入来加速训练过程并提高稳定性。此外，还有研究提出了基于压缩映射遗传的 BP 神经网络优化方法，以解决传统 BP 算法收敛速度慢和易陷入局部极小值的问题。深度学习已经在多个领域取得了显著的成果。在视觉识别领域，深度学习技术已经被广泛应用于图像分类、目标检测、人脸识别等。在自然语言处理领域，尽管取得了一定的进展，但与图像和语音处理相比，深度学习技术的应用仍存在一些挑战。此外，深度学习技术也在语音识别、医学影像分析等领域展现了其强大的能力。

尽管深度学习取得了巨大的成功，但仍面临着一些挑战和局限性。梯度消失问题是深度网络训练中的一个主要障碍，尤其是在深层网络中更为严重。过拟合问题也是深度学习中需要关注的问题，尤其是在数据量不足的情况下。此外，深度学习模型对大量标注数据的依赖也是一个重要的局限性。

4. BP 神经网络的设计

BP 神经网络[150] 具有三层或三层以上的结构，分别是输入层（input layer）、一层或多层隐藏层（hide layer）以及输出层（output layer），各层之间的神经元全连接，层内各种神经元无连接，各隐藏层节点一般使用 Sigmoid 激励函数。典型的神经网络结构如图 5.1 所示。输入层与隐藏层之间连接权值为 ω_{ij}，隐藏层与输出层之间的连接权值为 ω_{jk}，隐藏层各神经元阈值为 a_j $(j=1, 2, \cdots, g)$，输出层各神经元阈值为 b_k $(k=1, 2, \cdots, m)$。

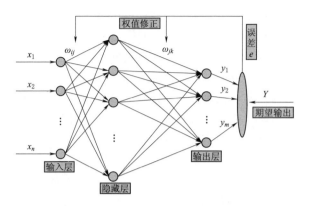

图 5.1　BP 神经网络结构图

5. BP 神经网络存在的缺陷及其产生的原因

用来评价模型或者算法的方法及标准有多种，如从算法的效率考虑，从计算时间的长短上考虑，从结构的复杂程度考虑等。从上述理论分析可以看出，BP 神经网络模型有相对严谨的理论基础，信号在该网络结构中的正向传导与相对误差的反方向传播机理明确。但由于 BP 神经网络模型是由负梯度下降算法改进而来，其仍然存在一定的不足：

（1）BP 神经网络在计算过程中易陷入局部极小值，从而产生"震荡现象"。

（2）BP 神经网络在样本训练的过程中可能会遇到"震荡现象"，这不仅增加了训练所需的时间，而且可能导致收敛速度变慢，甚至在某些情况下无法实现收敛。或者是在训练时，权重分配不合理导致激励函数处于饱和状态，进而使权重分配半停滞，极大地延长了训练时间。

（3）在确定网络拓扑结构时存在一定的困难，网络拓扑结构的确定本身在现实中也是一个很难解决的问题，主要是因为隐藏层中的神经元数量无法有效地通过计算来确定，而且隐藏层的层数也较难合理给出。过多时会导致收敛速度慢，过少时又会导致计算结果误差在合理范围以外。

通过分析发现，BP 神经网络存在这些问题的原因主要有以下几个方面：

（1）权值和阈值的选取。在 BP 神经网络的训练过程中，权值和阈值通常通过随机方法选取，这使得我们无法对结果进行定性分析。如果初始值恰好合适，网络将快速收敛并免于陷入局部最小值，反之就会影响样本的最终结果。

（2）网络拓扑结构的优化设计。网络拓扑结构设计主要是隐藏层层数的确定和神经元个数的确定。在现实问题中，二者的取值并没有一个统一的标准，因此缺乏定性解决的方法，在实际操作中需要依据经验选取。

（3）梯度下降。BP 神经网络是在梯度下降算法基础上改进而来的，因此这也导致了全局搜索易陷入局部极小值，从而大大延长训练时间。

5.1.2 ABC 优化算法

ABC（artificial bee colony，ABC）优化算法自 2005 年由 Karaboga[151] 首次提出以来，已经发展成为一种广泛应用于各种优化问题的元启发式算法。该算法受到蜜蜂觅食行为的启发，通过模拟蜜蜂之间信息交流和搜索食物的行为来寻找最优解。随着时间的推移，研究者们对 ABC 算法进行了多种改进和扩展，以提高其在不同领域的应用效果和效率。

在人工蜂群算法中，将人工蜂群分为观察蜂、采蜜蜂和侦察蜂。人工蜂群的搜索过程为：采蜜蜂在其记忆蜜源的邻域确定一蜜源，将蜜源信息传递回蜂巢，供观察蜂进行选择，观察蜂从采蜂蜜给出的信息中选择一个蜜源；被选中的蜜源进入下一轮筛选，未被选中蜜源的采蜜蜂成为侦察蜂搜索新的随机蜜源。蜜源位置表示该问题的一个可能优化解，蜜源存在花蜜的可能储值代表该解的适应度。

该算法的具体实现过程为：首先，ABC 随机产生初始群体即 n_e 个初始解，n_e 为采蜜蜂数也等于蜜源数目。每个解 $\boldsymbol{x}_i$（$i=1, 2, \cdots, n_e$）是一个 d 维的向量，d 为优化参数的个数。以这些初始解为基础，采蜜蜂、观察蜂和侦察蜂开始进行循环搜索。采蜜蜂根据它记忆中的局部信息产生一个变化的位置并检查新位置的花蜜量，如果新位置优于原位置，则该蜜蜂记住新位置并忘记原位置。所有的采蜜蜂完成搜索过程后，将它们所知道的蜜源信息通过舞蹈区与观察蜂共享。观察蜂根据从采蜜蜂处得到的信息，按照与花蜜量相关的概率选择一个蜜源位置，并像采蜜蜂那样对记忆中的位置做一定的改变，并检验新候选位置的花蜜量，若新位置优于记忆中的位置，则用新位置替换原来的蜜源位置；否则保留原位置。换句话说，贪婪选择机制被用于选择原位置和新的候选位置。

为了使算法适用于最小化问题，分配原则为基于排序的适应度。引入种群均匀尺度的排序方法，提供了控制选择压力的方便实用的方法。一个观察蜂选择某个蜜源的概率如下[152]：

$$p_i = \text{fitpos}_i / \sum_{i=1}^{n_e} \text{fitpos} \tag{5.1}$$

$$\text{fitpos} = 2 - \text{sp} + \frac{2(\text{sp}-1)(\text{pos}-1)}{n_e - 1} \tag{5.2}$$

式中　sp——选择压力；

　　　fit——蜜源的适应度；

　　　　pos——个体在种群中的排序；

　　fitpos——基于排序的适应度。

　　为了根据记忆位置产生一个新位置，ABC 采用下式实现蜜蜂在搜索空间中的探索：

$$v_{ij} = x_{ij} + \phi(x_{ij} - x_{kj}) \tag{5.3}$$

式中　k、j——随机选择的下标，$k \in \{1, 2, \cdots, n_e\}$，$j \in \{1, 2, \cdots, d\}$，$k \neq 1$；

　　　　ϕ——参数，在文中被称为搜索因子，是在 [-1，1] 范围内的随机选定的，它控制了 x_{ij} 邻域内新位置的产生并表达蜜蜂对两个可视范围内蜜源信息的对比。

　　从式（5.3）可以看出，随着参数 x_{ij} 与参数 x_{kj} 之间差距的缩小，对位置 x_{ij} 的扰动也越来越小。因此随着对最优解的逼近，步长会自适应地缩减，使得算法具有自适应收敛特性。

　　假如蜜源 x_i 经过有限次数的循环 l_c 之后，不能被改进，那么该蜜源将被放弃。该蜜源的采蜜蜂变为侦察蜂，侦察蜂寻觅到新位置并代替 x_i 的过程如下式：

$$x_i^j = x_{min}^j + rand(0,1)(x_{max}^j - x_{min}^j) \tag{5.4}$$

5.1.3　ABC 算法改进

　　基本人工蜂群算法的主要控制参数有三个，包括蜜蜂数量 SN、最大迭代次数 maxcycle 和解的限制参数 limit。算法初始化阶段，需要根据实际的待优化问题对各个参数进行设置。参数值一般根据经验设置，然后在实验中进行微调。而参数的设置会在一定程度上影响算法的寻优效果，具体表现如下：

　　（1）蜜蜂数量 SN。在不同的优化问题中，蜜蜂数量的值是不一样的。SN 的多少直接决定了优化问题的取值范围，即 SN 越多，搜索空间就越大，那么搜索到的全局最优解的概率就越大，但同样也增加了算法的计算量；但如果 SN 过小，虽然可以较快地找到最优解，但所求得的解容易陷入局部最优。

　　（2）最大迭代次数 maxcycle。maxcycle 次数过小，导致算法无法得到最优解；maxcycle 次数过大，可能会增加算法的运行时间，影响算法的性能。

　　（3）解的限制参数 limit。limit 的值会影响算法的优化性能，limit 次数过小，导致蜜源更新操作频繁，不能很好地进行局部搜索；limit 次数过大，既容易导致算法陷入局部最优，又增加了算法的时间复杂度。

　　针对这些缺点，许多学者提出了一些改进方案。康飞在他的博士论文中将单纯形算子引入人工蜂群算法中，加快了算法的收敛速度，减少了算法陷入停滞的现象。林剑等[153] 在人工蜂群算法中引入混沌思想，改善了陷入局部最优的困境，提高了算法的收敛速度和收敛精度。高卫峰等[154] 在人工蜂群算法的迭代过程中引入淘汰规则，并使用新的搜索方式，采用差分进化策略，提高了全局寻优的能力。胡珂[155] 利用数学中的外推技巧重新定义了蜜源位置更新公式，为了克服人工蜂群算法在迭代后期收敛速度慢的缺陷，将微调机制引入到该算法中，提高了算法在可行解区域内的局部搜索能力，改进之后的算法在搜索性能和精度方面都有明显提高。拓守恒[156] 提出了一种求解高维带约束函数的人工蜂群算法，该算法在种群初始化过程、侦察蜂搜索新蜜源时都采用了正交实验设计方法，并且在采蜜蜂寻优时使用了改进的高斯分布进行估计，观察蜂在当前蜜源位置附近采用差异算法来搜索新的蜜源；当处理约束条件时，采用自适应的优劣解比较方法。毕晓君[157] 引入新的采蜜蜂和观察蜂交叉操作指导种群的进化，结合反向学习变异策略来提高算法的快速收敛性。

为了提高人工蜂群算法的收敛速度及优化精度，许多研究者提出了如上所述的改进的人工蜂群算法，而有些学者结合其他数学方法和优化算法，提出了一些混合的优化算法，进一步提高其优化性能。为改进算法寻优机制，Marinakis 等[158] 提出了一种基于人工蜂群算法和贪婪随机自适应搜索过程的新混合算法。史小露[159] 提出了一种基于粒子群算法和人工蜂群算法的新混合群智能算法，使用两种信息交换过程来实现粒子群和人工蜂群之间的信息共享。黄玲玲[160] 将人工蜂群搜索策略插入到差分进化算法，可以帮助种群逃离陷入局部最优的困境，新的混合算法能够快速找到全局最优值。侯丽萍等[161] 受到人工蜂群算法中观察蜂采蜜过程的启发，用观察蜂选择及搜索方法来代替遗传算法中的变异操作，提出了一种基于人工蜂群算法的混合算法。

1. 混合算法

混合算法就是将两种或多种智能算法按照某种规则结合在一起，要么在不同阶段交替使用不同的算法，然后通过信息分享，达到共同优化的目的；要么在某种算法当中插入其他算法或者其他算法的优化思想。这样可以有效地扬长避短，发挥智能算法的优点，大大提高算法的全局和局部收敛能力。

一种改进是将 ABC 与其他优化算法结合，形成混合算法。例如，为了克服基本 ABC 算法（人工蜂群算法）开发能力差、收敛速度低以及原始 PSO（粒子群优化）算法勘探能力差、收敛过早的问题，将 ABC 算法与粒子群优化（PSO）结合。在生成新的蜜源后，将使用贪婪选择机制来确定是否应该丢弃原始解。但有时糟糕的解决方案也会使蜜蜂得到意想不到的好解决方案。因此，

ABC-PSO 算法将预定数量的花蜜源分成一个池，并将池中的蜜源随机分成几对。每对通过交叉操作产生两个子代，然后使用贪婪选择来选择更好的一个。这个过程可以用式（5.5）和式（5.6）来描述。

$$S_u = PP_{1u} + PP_{2u} \tag{5.5}$$

$$S_v = \frac{P_{1v} + P_{2v}}{|P_{1v} + P_{2v}|} |P_{1v}| \tag{5.6}$$

其中，$u = v = (1, 2, 3, \cdots, m/2)$，是被选中蜜源的一半数量，$P_1'$ 和 P_2 是一对蜜源，S_u 和 S_v 是杂交产生的子代。

在 PSO 算法中，新的速度和位置都是由之前的局部和全局最佳位置生成的，这将导致优化算法的收敛过早。因此，利用正弦算法和余弦算法来调整新速度的生成，以避免它们陷入局部最优状态。

$$v_{iD}(t+1) = w v_{iD}(t) + c \sin r_1 |P_{iD}(t) - x_{iD}(t)|$$
$$+ c \sin r_1 |P_{gD}(t) - x_{iD}(t)| \quad (r_2 < 0.5) \tag{5.7a}$$

$$v_{iD}(t+1) = w v_{iD}(t) + c \cos r_1 |P_{iD}(t) - x_{iD}(t)|$$
$$+ c \cos r_1 |P_{gD}(t) - x_{iD}(t)| \quad (r_2 \geqslant 0.5) \tag{5.7b}$$

式中　$v_{iD}(t)$——粒子 i 在第 t 时刻第 D 维的速度；

　　　$P_{iD}(t)$——粒子 i 在第 t 时刻第 D 维的最优位置；

　　　$x_{iD}(t)$——粒子 i 在第 t 时刻第 D 维的当前位置；

　　　$P_{gD}(t)$——群体在第 t 时刻第 D 维的最优位置。

其中 c 为一个平衡参数，可以用来引导跟随粒子的运动方向。在 c 的帮助下，该算法可以稳步地开发和探索。r_1 和 r_2 都是随机数。r_1 表示当前粒子与下一个粒子之间的距离；r_2 用于决定使用正弦还是余弦。为了稳定开发和勘探，应使用式（5.8）自动更改 r_1。

$$r_1 = w - tW/T \tag{5.8}$$

其中 t 为当前迭代，T 为无改进解的最大周期。将改进后的 ABC 和增强后的 PSO 相结合。

此外，还有研究通过引入混沌算子、新型杂交算子和概率选择方式等策略，增强了 ABC 算法在多目标组合优化问题中的性能。

2. 全局最优 ABC 算法

通过引入新的搜索机制或调整算法参数来提高 ABC 算法的性能。例如，一种基于矩形拓扑结构的新变体 ABC 算法（RABC）在解决高维优化问题时表现出更好的收敛性、稳定性和解决方案质量。还有研究通过自适应控制更新优化参数的数量，以提高数值优化问题的性能。ABC 算法也被成功应用于特定领域的问题解决中，如生物信息学计算中的 DNA 序列对齐、认知无线网络频谱分配、图着色问题以及传感器网络路由协议的优化。这些应用展示了 ABC 算法在处理复杂和特定类型问题时的有效性和灵活性。

由于混沌运动具有随机性、遍历性、对初始条件的敏感性等特点，为了提高种群的多样性和蜂群搜索的遍历性，本书在人工蜂群算法中引入混沌思想，改善了混沌人工蜂群算法摆脱局部极值点的能力，提高了算法的收敛速度和精度。Logistic 映射因操作简单和计算效率高而被选用来生成混沌序列。

$$v_{ij} = x_{ij} + \phi_{ij}(x_{ij} - x_{kj}) + \varphi_{ij}(Y_j - x_{ij}) \tag{5.9}$$

式中　ϕ_{ij}——$[-1, 1]$ 中的一个随机数；

φ_{ij}——$[0, C]$ 中的一个随机数，经多次试验，当 $C = 1.5$ 时效果最好；

Y_j——第 j 维空间的最优解。

如果新的蜜源 v_{ij} 的适应度好于 x_{ij}，则用新花蜜源 v_{ij} 的位置取代旧花蜜源 x_{kj} 的位置，否则仍然维持旧花蜜源位置不变，同时将花蜜源的停滞次数加 1 并判断花蜜源的停滞次数是否达到 limit。依此规律，将所有的采蜜蜂所携带花蜜源信息更新完毕。

3. HF - GABC 算法

HF - GABC 算法是一种带搜索因子的全局最优人工蜂群算法，旨在提高全局搜索能力并避免陷入局部最优解。该算法通过引入可以随着优化过程动态搜索的因子，在算法的全局搜索过程和局部搜索过程中进行动态调整，以提高搜索精度和降低局部收敛的可能性。试验结果表明，带搜索因子的人工蜂群算法在收敛性能上优于传统的 ABC 和 GABC 算法，有效提高了搜索精度并降低了局部收敛的风险。

HF - GABC 算法的改进主要体现在其能够更好地平衡全局优化和局部优化之间的关系，通过动态调整搜索因子，使得算法在探索新的解空间和利用已有信息之间达到更好的平衡。这种改进有助于算法在面对复杂优化问题时，能够更加有效地找到全局最优解，从而提高了算法的实用性和可靠性。该算法可以应用于各种需要全局优化的领域，如工程设计、机器学习、数据分析等。通过引入搜索因子，该算法能够更好地适应不同问题的需求，提供更加灵活和高效的解决方案。

通过调整搜索因子，动态地控制算法的搜索过程，用以提高 GABC 算法的广度搜索和深度搜索能力，提出了一种带搜索因子的 GABC 算法（HF－GABC）。在搜索过程中，为了加强蜜蜂个体间的信息共享程度以及提高算法的全局搜索精度，本书在 GABC 位置更新公式中添加了两个搜索因子：局部搜索因子和全局搜索因子。

$$
\begin{cases}
v_{ij} = x_{ij} + \delta\phi_{ij}(x_{ij} - x_{kj}) + \lambda\varphi_{ij}(Y_j - x_{ij}) \\[2mm]
\delta = \eta + 2\cos^2\dfrac{\pi i}{2\text{maxcycle}} \\[2mm]
\lambda = \mu + 2\sin^2\dfrac{\pi i}{2\text{maxcycle}}
\end{cases}
\tag{5.10}
$$

式中　　δ——全局搜索因子；

　　　　λ——局部搜索因子；

　η、μ——经验因子，经多次测验，$\eta = 0.2$，$\mu = 0.05$ 时效果最好；

　　　　i——当前迭代次数；

maxcycle——最大迭代次数。

$i \in [0, \text{maxcycle}]$，则全局搜索因子 $\delta \in [2.2, 0.2]$，局部搜索因子 $\lambda \in [0.05, 2.05]$。全局搜索因子和局部搜索因子随着迭代次数的变化趋势如图 5.2 所示，在 HF－GABC 算法优化初期，$\delta < \lambda$，局部搜索能力凸显，但是随着迭代次数 i 的增加局部搜索能力下降；在算法优化后期，$\delta > \lambda$，随着迭代次数 i 的增加，全局搜索能力增强。

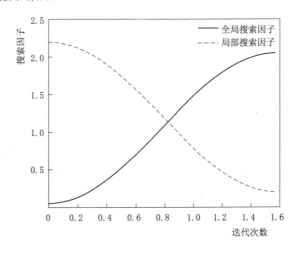

图 5.2　全局搜索因子和局部搜索
因子随迭代次数的变化趋势

尽管 ABC 算法在多个领域取得了显著的应用成果，但其仍存在一些局限性，如局部搜索过程和蜂群移动或解决方案改进方程的弱点。为了克服这些限制并拓宽自然启发式算法的应用范围，许多研究集中于开发与 ABC 算法混合的元启发式算法，以增强全局搜索能力和避免陷入局部最优解。

5.2　基于 ABC 算法优化的 BP 神经网络反应分析

基于 ABC 算法优化的 BP 神经网络反应分析是一种将人工蜂群（ABC）算法与 BP 神经网络相结合的技术，旨在提高 BP 神经网络的性能和准确性。

BP 神经网络是一种广泛应用的机器学习模型，但它存在一些局限性，例如容易陷入局部最优解、初始权值和阈值的选择对结果影响较大等。ABC 算法作为一种群智能优化算法，可以有效地解决这些问题。

ABC 算法模拟了蜜蜂寻找花蜜的行为，通过采蜜蜂、观察蜂和侦察蜂的协同工作来搜索最优解。在优化 BP 神经网络时，将 BP 神经网络的权值和阈值视为 ABC 算法中的解，通过 ABC 算法的搜索机制来寻找最优的权值和阈值组合。

ABC 算法（人工蜂群算法）用于优化 BP 神经网络是一个常见的研究方向。ABC 算法具有良好的全局搜索能力，能够有效地优化 BP 神经网络的初始权值和阈值，从而提高网络的性能和泛化能力。在进行反应分析时，可能需要考虑以下几个方面：

（1）优化效果评估：比较优化前后 BP 神经网络在训练集和测试集上的误差指标，如均方误差、平均绝对误差等，以评估 ABC 算法对 BP 神经网络性能的提升程度。

（2）收敛速度：分析 ABC 算法优化后的 BP 神经网络在训练过程中的收敛速度，是否能够更快地达到较好的精度。

（3）模型稳定性：通过多次重复实验，观察优化后的模型在不同数据集上的表现是否稳定。

（4）特征重要性：研究输入特征对于模型输出的重要性，以了解哪些因素对反应结果的影响较大。

（5）应用场景适应性：探讨该优化方法在特定应用场景中的适应性和有效性，例如在预测、分类、回归等任务中的表现。

由于土石坝在水利工程中广泛应用，其动力响应特性对于大坝的抗震设计和安全性评估至关重要。准确获取土石坝的动力参数是进行动力分析和可靠性评估的基础。然而，直接测量这些参数往往具有挑战性，因此需要采用反演方法来确定。

目前，ABC 算法优化的 BP 神经网络在水利水电行业中应用广泛，如在水库水位预测中：通过对历史气象数据、来水流量、用水需求等因素的分析，利用优化后的神经网络准确预测水库未来的水位变化，以优化水资源调配和发电计划；在水电站出力预测中：结合水流量、水头高度、机组运行状态等信息，使用 ABC 算法优化的 BP 神经网络来预测水电站的实时出力，有助于电力系统的稳定运行和调度；在大坝渗流监测与预测中：基于大坝内部的渗压、孔隙水压力等监测数据，利用该模型预测渗流的发展趋势，及时发现潜在的安全隐患；在水轮机效率优化中：分析水轮机的运行参数，如转速、流量、导叶开度等，通过优化的神经网络模型找到最优的运行工况，提高水轮机的效率；在洪水预报中：综合降雨、流域地形、土壤湿度等多种因素，对洪水的发生时间、洪峰流量和洪水过程进行准确预报，为防洪减灾提供决策支持。

针对土石坝动力参数的反演常采用直接法[162]，将参数的反演问题转换为优化问题。但由于大坝永久变形参数的反分析是多参数组合的大空间搜索问题，无法从高度关联的影响因素中剥离出相对独立的量，而采用数据拟合和函数逼近等方面能力强大的神经网络反分析方法解决岩土力学参数和位移之间的复杂非线性问题具有强大的优势。已有学者应用神经网络对岩土永久变形参数进行反演分析，但神经网络算法存在易受初始值影响、收敛慢、极易陷入局部的极小值等问题，目前已有许多与神经网络结合的优化算法，常用的优化算法主要是蚁群算法（ACO）、遗传算法（GA）、粒子群算法（PSO）。蚁群算法比较盲目，收敛速度慢，信息更新能力有限，容易陷入局部最优解，算法效率低。遗传算法易早熟收敛，在迭代后期收敛速度慢。粒子群算法容易陷入局部最优解，主要是因其在迭代后期很难保证种群的多样性。人工蜂群算法是基于蜜蜂采蜜行为而提出的一种优化算法，具有比上述优化算法更好的优化性能，其主要优点是全局寻优能力强，利用蜜蜂寻找蜜源时的正反馈行为可以加快全局的优化速度，尤其适用于求解组合优化和连续优化以及复杂的优化问题。因此，运用人工蜂群算法优化 BP 神经网络的网络权值和阈值，建立 BP 神经网络永久变形参数反演模型。

5.2.1　基于 BP 神经网络的永久变形参数反演分析步骤

基于应变势的永久变形分析法是目前评价面板堆石坝抗震稳定的有效方法，永久变性参数的精确性对在岩土工程中实现按变形控制设计具有重要的现实意义。

1. 传统永久变形参数反演分析步骤

（1）根据已有资料进行坝体静力和动力反应分析，为后续计算提供必要的数据——各单元应力水平 S_1 和动剪应变 γ_d。

（2）确定参数反演范围，进行永久变形计算，并做参数敏感度分析。

（3）生成样本集。用中心组合实验设计和正交实验设计生成训练集样本，验证集和测试集样本则采用随机生成。以坝体竖向永久变形位移值为输入样本，以永久变形参数值为输出样本。

（4）用训练集、验证集样本进行网络训练。

（5）以坝体实际观测位移为输入向量，进行坝体永久变形参数反演。

（6）用反演获得的坝体参数进行正演计算，并将计算结果与实际永久变形对比分析。

2. 基于 ABC 算法优化的 BP 神经网络进行永久变形参数反演步骤

（1）数据收集与预处理。收集土石坝在不同动力荷载作用下的动力响应数据，包括位移、加速度等；对收集到的数据进行预处理，例如数据清洗、归一化等操作，以提高数据质量和模型训练效果。

（2）确定输入输出变量。选择合适的输入变量，通常包括动力荷载特征、坝体几何参数等；将待反演的土石坝动力参数（如弹性模量、阻尼比等）作为输出变量。

（3）构建 BP 神经网络。确定 BP 神经网络的结构，包括输入层、隐藏层和输出层的神经元数量。选择合适的激活函数，如 Sigmoid 函数或 ReLU 函数等。

（4）初始化 BP 神经网络的权值和阈值。随机初始化网络的权值和阈值，但初始值的选择会影响模型的训练效果。

（5）应用 ABC 算法优化权值和阈值。将 BP 神经网络的权值和阈值编码为 ABC 算法中的个体（蜜源位置）；定义适应度函数，通常以 BP 神经网络预测输出与实际输出之间的误差作为适应度值；利用 ABC 算法的采蜜蜂、观察蜂和侦察蜂的搜索机制，不断更新个体，寻找最优的权值和阈值组合。

（6）训练优化后的 BP 神经网络。使用预处理后的数据对优化后的 BP 神经网络进行训练；采用合适的训练算法，如反向传播算法，调整网络的权值和阈值，以减小预测误差。

（7）模型验证与评估。使用测试集数据对训练好的模型进行验证。计算评估指标，如均方误差、平均绝对误差等，评估模型的性能。

（8）土石坝动力参数反演。将实际监测到的土石坝动力响应数据输入训练好的模型。模型输出即为反演得到的土石坝动力参数估计值。

在实际应用中，可能需要多次调整模型的参数和结构，以获得更准确和可靠的反演结果。同时，还可以考虑结合其他优化算法或采用集成学习方法来进一步提高反演的精度和稳定性。

5.2.2　ABC 算法优化 BP 神经网络建模

BP 神经网络的权值阈值初始化随机确定，网络训练时易陷入局部极小值，且不能得到相同的预测结果。本书采用人工蜂群算法优化 BP 神经网络的初始权值和阈值，加快 BP 神经网络的学习速度和收敛速度，减小了陷入局部极小值的可能性。采用人工蜂群算法优化 BP 神经网络步骤如下：

（1）确定 BP 神经网络的结构，确定输入向量和输出变量及输入层、输出层和隐藏层节点数。典型的神经网络结构如图 5.1 所示。隐藏层和输入层之间连接权值为 ω_{ij}，隐藏层与输出层的连接权值为 ω_{jk}，隐藏层各神经元阈值为 a_j（$j=1$，2，$\cdots$，g），输出层各神经元阈值为 b_k（$k=1$，2，$\cdots$，m）。

（2）根据训练数据初始化网络结构，确定初始权阈值的长度和范围。

（3）将样本的初始权阈值进行编码整合成一个实数串个体，蜂群算法的优化针对该个体进行。

（4）对蜂群进行初始化，蜜源是优化问题的一个解向量，每一个 $\boldsymbol{x}_m$ 包含 n 个参数变量，x_{mi}（$i=1$，2，$\cdots$，n）就是使目标参数最小化的参数组合，m 通常表示蜜源的索引或编号。初始过程用式（5.11）表示：

$$x_{mi}=l_i+\mathrm{rand}(0,1)(u_i-l_i) \tag{5.11}$$

式中　u_i、l_i——参数 x_{mi} 的上界和下界。

（5）采蜜蜂操作，计算当前蜜源 x_{mi}（问题的解）及相邻蜜源 v_{mi} 的适应度，采用贪婪机制选择一个较好蜜源。适应度：

$$\mathrm{fit}_m(x_m)=\begin{cases}\dfrac{1}{1+f_m(x_m)} & [f_m(x_m)\geqslant 0]\\[2mm] 1+\mathrm{abs}[f_m(x_m)] & [f_m(x_m)<0]\end{cases} \tag{5.12}$$

（6）观察蜂操作，观察蜂根据采蜜蜂给出的蜜源信息（适应度），选择蜜源。被选中的概率 P_m 计算如下：

$$P_m=\dfrac{\mathrm{fit}_m(x_m)}{\sum\limits_{m=1}^{\mathrm{SN}}\mathrm{fit}_m(x_m)} \tag{5.13}$$

选中的蜜源再通过步骤（5）计算适应度，采用轮盘赌和贪婪机制进行选择，形成正反反馈机制。

（7）侦察蜂操作，采蜜蜂所代表的蜜源未被选中后，采蜂蜜转变为侦察蜂随机搜寻新的蜜源，不好的蜜源被抛弃产生负反馈机制。

（8）记录下目前为止最好的解，判断是否满足终止条件，不满足返回第（6）步继续执行；满足将最优结果反馈给 BP 神经网络作为初始权值、阈值。

（9）误差计算，根据网络预测输出和期望输出计算网络预测误差 e。

（10）权值、阈值更新，根据网络预测误差更新网络连接权值 ω_{ij}、ω_{jk}，阈值 a、b。

（11）判断是否满足结束条件，不满足则返回第（9）步，满足则保存网络。

（12）运用训练成熟的网络，把实际观测位移作为输入向量，对坝体进行永久变形参数反演。

5.3　紫坪铺大坝地震永久变形参数反演分析

面板坝抗震性能的研究大多基于室内试验，研究成果的合理性和可靠性都无法得到原型验证。而在"5·12"汶川地震中，紫坪铺大坝经历了远高于其设计水平的 Ⅸ～Ⅹ 度强震的考验，获得了大量的原型数据，为面板堆石坝的抗震研究提供了大量的宝贵资料。利用"5·12"汶川地震中紫坪铺面板堆石坝的震后观测数据对提出的新方法进行验证[163-164]。

5.3.1　工程概况

紫坪铺大坝[163] 是紫坪铺水利枢纽工程的挡水建筑物，其坝顶高程 884.00m，最大坝高 156.00m，面板板趾最低建设高程 728.00m，坝顶轴向全长 663.77m，上游坝坡比为 1∶1.4，下游坝坡比为 1∶1.5～1∶1.4。设计洪水位 871.20m，正常蓄水位 877.00m，校核洪水位 883.10m，地震时库水位高程 828.00m，水深 100.00m。

5.3.2　数据样本集生成及处理

1. 正演计算模型

根据工程资料建模分析坝体的静力和动力反应，得到永久分析必须的数据——各单元的应力水平 S_1 和动剪应变 γ_d。堆石体静力计算采用邓肯双曲线 $E-B$ 模型，混凝土面板的计算采用线弹性模型，其密度为 $2.4\mathrm{g/cm^3}$，强度等级为 C25，取弹性模量 $E=28\mathrm{GPa}$，泊松比为 0.167。模型中的切线弹性模量 E_t、卸荷及加载时的弹性模量 E_ur 的计算公式分别如下所示：

$$E_\mathrm{t}=KP_\mathrm{a}\left(\frac{\sigma_3}{P_\mathrm{a}}\right)^n\left[1-\frac{R_\mathrm{f}(\sigma_1-\sigma_3)(1-\sin\varphi)}{2c\cos\varphi+2\sigma_3\sin\varphi}\right]^2 \tag{5.14}$$

$$E_{ur} = K_{ur} P_a \left(\frac{\sigma_3}{P_a} \right)^{n_{ur}} \tag{5.15}$$

式中　K、K_{ur}、n_{ur}——试验常数；

$\qquad\qquad R_f$——破坏比；

$\qquad\qquad c$、φ——材料的黏聚力与内摩擦角。

筑坝材料动力计算采用沈珠江等效黏弹性模型，G、λ 与归一化动剪应变 $\overline{\gamma}_d$ 的关系如下：

$$G = \frac{k_2}{1 + k_1 \overline{\gamma}_d} P_a \left(\frac{\sigma_0'}{P_a} \right)^n \tag{5.16}$$

$$\lambda = \lambda_{max} \frac{k_1 \overline{\gamma}_d}{1 + k_1 \overline{\gamma}_d} \tag{5.17}$$

式中　σ_0'——围压；

$\quad k_1$、k_2、n——试验常数；

$\qquad\overline{\gamma}_d$——归一化的动剪应变。

动静力参数采用文献［163］中的紫坪铺坝料试验结果。在地震中未测得紫坪铺大坝坝址处的基岩实测加速度记录，采用等比例法调幅茂县地办台站的实测地震波获得紫坪铺大坝基岩输入加速度曲线。

永久变形分析采用改进的考虑残余体应变的沈珠江模型：

$$\Delta \varepsilon_{vr} = c_1 (\gamma_d)^{c_2} \exp(-c_3 S_1^2) \frac{\Delta N}{1 + N} \tag{5.18}$$

$$\Delta \gamma_r = c_4 (\gamma_d)^{c_5} S_1^2 \frac{\Delta N}{1 + N} \tag{5.19}$$

式中　$\Delta \varepsilon_{vr}$、$\Delta \gamma_r$——残余体应变、残余剪应变增量；

$\qquad\qquad \gamma_d$——动剪应变；

$\qquad\qquad S_1$——应力水平；

$\qquad\qquad \Delta N$——振动次数及其增量；

c_1、c_2、c_4、c_5——试验参数。

该模型假定 S_1 对 c_{vr} 无影响，即式中 $c_3 = 0$。

2. 参数敏感性分析及参数反演范围

针对永久变形分析涉及的 c_1、c_2、c_4、c_5 四个参数进行敏感性分析，验证参数变化对模型输出结果的影响程度。该方法通过某一变量在阈值范围内随机变动而其他参数保持不变，计算输出值对自变量的影响值。其表达式如下：

$$S_k = \left|\frac{\Delta P}{P}\right| / \left|\frac{\Delta x_k}{x_k}\right| = \left|\frac{\Delta P}{x_k}\right| / \left|\frac{x_k}{P}\right| \tag{5.20}$$

根据参考文献［77］给出的永久变形参数的取值范围（表 5.1）确定敏感性分析的因素水平，计算各参数的敏感性，见表 5.1。坝体竖向永久位移随 c_1、c_4 增大而增大，随 c_2、c_5 增大而减小。

表 5.1　　　　　　待反演参数取值范围和敏感性

项目	c_1	c_2	c_4	c_5
取值范围	0.005～0.010	0.50～1.00	0.10～0.20	0.75～1.50
敏感性	0.2	0.3	0.8	2.6

3. 正交法确定训练集样本

采用正交法设计样本集，根据表 5.1 中永久变形参数的取值范围，把参数等分为 5 个水平，见表 5.2，采用 5 水平 4 因素的正交表，确定出永久变形参数的 20 种组合方式，作为永久变形数值模拟计算的参数输入，经过永久变形正演计算得到震后坝体变形的计算位移值。

表 5.2　　　　　　各 因 素 水 平 划 分

序号	c_1	c_2	c_4	c_5
1	0.0050	0.500	0.100	0.75
2	0.0625	0.625	0.125	0.925
3	0.0750	0.750	0.150	1.200
4	0.0875	0.875	1.075	1.375
5	0.0100	1.000	0.200	1.500

5.3.3　训练并应用人工蜂群算法优化的神经网络

把坝体内部变形主监测断面 D＋025 剖面高程 850.00m、820.00m、790.00m、760.00m 处的最大竖向位移计算值 $u_0 = [u_1, u_2, u_3, u_4]$ 作为网络分析的输入样本，把正交实验设计的不同组合方式的参数 $c = [c_1, c_2, c_4, c_5]$ 作为网络分析的输出样本。采用人工蜂群算法优化的 BP 神经网络对样本集进行网络训练，得到成熟的神经网络。

整理现场监测数据，将坝体内部变形主监测断面 D＋025 剖面高程 850.00m、820.00m、790.00m、760.00m 处的最大竖向位移实测值和 850.00m 高程处的竖向位移实测值 $u_0 = [810.3, 417.5, 187.9, 106.5, 446.3, 480.3, 570.3, 728.3, 559.0]$（单位为 mm）作为输入值代入训练成熟的 BP 神经网络中，输出结果为反演的坝体堆石料永久变形参数，结果见表 5.3。

表 5.3　　　　　　　　　　　　堆石料参数反演结果

材料	c_1	c_2	c_4	c_5
堆石料	0.0070	0.7800	0.1432	1.4073

紫坪铺大坝在 D＋025 剖面沿高程 850.00m、820.00m、790.00m、760.00m 高程分别设置了 6 个、9 个、10 个、11 个测点，其中 850.00m 高程及坝轴线上测点的实测数据已用于反演计算，其余测点的数据将用于验证反演参数的合理性。

将反演得到的永久变形参数代入正演模型进行永久变形计算，得到的 D＋025 剖面沉降增量计算值与实测值的对比如图 5.3 所示。由于高程测点的最大值已用于反演计算，其他测点的数据将用于验证反演参数的合理性。从图 5.3 可以看出，计算沉降值随着坝体高程的增加而增加，坝体的横断面面积减小，上下游边坡均向内部收缩，体现了堆石体"震缩"特性。受上游水荷载作用，坝体最大水平向永久变形指向下游，但地震永久变形表现为以沉降为主，与实测沉降规律一致，对比测点数据和计算值的大小也基本接近。由此基本可以确定反演的可靠性，也验证了基于改进沈珠江模型的等效节点法分析地震永久变形的可行性。

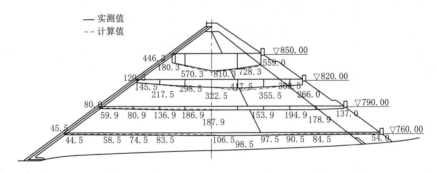

图 5.3　坝体 D＋025 剖面沉降增量计算值与实测值对比图
（单位：高程以 m 计；其他数字以 mm 计）

5.3.4　与遗传算法优化 BP 神经网络的反演结果的比较

为了更好地分析 ABC－BP 算法反演的结果，用较为成熟的遗传算法优化 BP 神经网络的 GA－BP 算法对紫坪铺面板堆石坝的永久变形参数进行反演。将采用 ABC－BP 算法和 GA－BP 算法得到的预测结果进行比较，结果见表 5.4。

表 5.4　　　　　　　　　两种网络结构反演预测结果比较

网络类型	网络结构	训练步数	准确率/%
ABC－BP	4—10—4	1143	96.43
GA－BP	4—10—4	2369	91.24

由表 5.4 可知，ABC 优化 BP 神经网络的预测比 GA 优化的 BP 神经网络的预测更加精确，且训练步数较少，节省了反演预测的时间。

5.4 本 章 小 结

本章针对 BP 神经网络收敛速度慢且容易陷入局部极小值的缺点，在对岩土地震工程永久变形进行分析研究的基础上，提出了一种基于蜂群优化算法优化 BP 神经网络的土石坝地震永久变形反演分析模型，既发挥蜂群优化算法快速全局寻优能力强的优势，又体现了 BP 神经网络预测非线性问题精度高、泛化能力强的特点，提高了预测性能。通过该模型在紫坪铺面板堆石坝大坝永久变形参数反演中的应用，验证了提出模型用于土石坝永久变形反演的可靠性，可推广到同类的反演预测中。结果表明该方法能较好地解决永久变形参数反演的问题并可推广到同类的反演预测中。

第6章 紫坪铺面板堆石坝震情重现 与高土石坝在强震区的控制对策

6.1 紫坪铺面板堆石坝工程概况和震害简述

紫坪铺大坝是紫坪铺水利枢纽工程的挡水建筑物，位于四川省成都市西北 60km 的岷江上游，工程于 2006 年年底竣工。其坝顶高程为 884.00m，面板趾板的最低建设高程为 728.00m，最大坝高为 156.00m，坝顶轴向长度为 663.77m，上游坝坡比为 1:1.4，下游坝坡比为 1:1.5~1:1.4，设三级马道。正常蓄水位为 877.00m，设计洪水位为 871.20m，校核洪水位为 883.10m。设计采用的坝址场地地震基本烈度是Ⅶ度，按Ⅷ度设防，基准期 50 年内超越概率 10% 的基岩水平动峰值加速度是 0.12g；100 年内超越概率 2% 的动峰值加速度为 0.26g。其平面布置图、典型剖面图如图 6.1（a）、（b）所示。

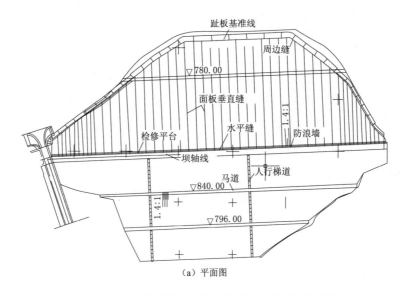

（a）平面图

图 6.1（一） 紫坪铺面板堆石坝平面布置图及剖面图

100

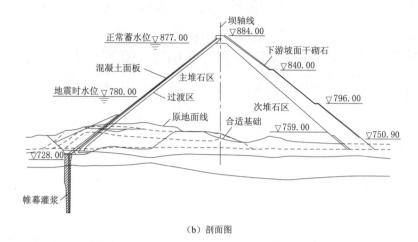

（b）剖面图

图 6.1（二）　紫坪铺面板堆石坝平面布置图及剖面图

在"5·12"汶川地震中，紫坪铺大坝库水位为 828.65m，水深约为 100.00m，距离震中约 17km，距发震断层仅 8km，位于高烈度区，经历了远高于其设计水平的 8.0 级浅源近震后大坝主体结构完整，但也产生了如大坝整体震陷、面板脱空和错台等震害现象，为面板堆石坝的抗震研究提供了宝贵资料[165-166]。

6.2　紫坪铺面板堆石坝建模及地震变形分析

6.2.1　建模与计算

按照地震时实际情况加载库水、渗流场、自重和初始地应力等静态荷载，考虑面板分缝和近域地基的黏滞阻尼边界。静力计算采用邓肯-张 E-B 模型，计算时坝体采用分层填筑，坝体材料自重逐层加载。模拟施工过程，实际填筑分三期，2003 年 3 月 1 日大坝开始填筑；2003 年 12 月 28 日大坝一期施工填筑至高程 810.00m；2004 年 7 月 31 日二期施工填筑至高程 850.00m；2005 年 4 月 30 日三期断面左侧填筑到高程 880.00m；2005 年 6 月 16 日三期断面填筑到高程 880.00m。混凝土面板的计算采用线弹性模型，其密度为 2.4g/cm³，强度为 C25，取弹性模量 $E=28$GPa，泊松比为 0.167。

筑坝材料动力计算采用沈珠江等效黏弹性模型[167]，静动力参数采用紫坪铺坝料试验成果[168]，主要参数见表 6.1、表 6.2。混凝土面板计算采用线弹性模型，其密度为 2.4t/m^3，弹性模量 $E=2.8\times10^4\text{MPa}$，泊松比为 0.167。

表 6.1　坝料静力邓肯模型参数

	γ_d	K	K_b	n	R_f	$\Delta\varphi$	m	φ_0
堆石料	21.6	1089	965	0.33	0.79	10.6	0.21	55
垫层料	23.0	1274	1276	0.44	0.84	10.7	0.03	58
过渡料	22.5	1085	1084	0.38	0.75	11.4	0.09	58

表 6.2　坝料动力等效黏弹性模型参数

坝料	k_1	n
堆石料	3784.4	0.416

永久变形计算采用改进的沈珠江模型，考虑残余体应变对土石坝地震永久变形的影响，参数采用第 5 章反演的永久变形参数，主要参数见表 6.3。采用 Fortran 语言编制考虑残余体应变的沈珠江永久变形模型的程序，在 Abaqus 软件中进行永久变形分析。

表 6.3　坝料永久变形模型参数

坝料	c_1	c_2	c_3	c_4
堆石料	0.49	0.59	0.80	0.35

6.2.2　坝址地震动输入

在"5·12"汶川地震中，位于强震区的紫坪铺面板堆石坝未能取得实测强震记录，重建"5·12"汶川地震中紫坪铺大坝的地震动输入是进行震情检测的首要前提。本章采用第 3 章重建的"5·12"汶川地震中紫坪铺坝址的地震动输入。

6.2.3　竣工期沉降结果分析

紫坪铺大坝竣工期顺河向位移基本上以坝轴线为界，分别向上游、下游进行，上游、下游位移最大值分别为 11.5cm 和 12.8cm，坝体沉降最大值为 73.0cm，沉降最大值均位于 1/2 坝高附近，最大沉降为坝高的 0.45%。竣工期坝体主应力最大值出现在坝底部，大主应力和小主应力最大值分别为 2.35MPa 和 1.35MPa，大主应力等值线与坝坡基本平行，竣工期和震后大坝沉降实测值与模拟值对比如图 6.2 和图 6.3 所示，计算值与实测值基本吻合，符合堆石坝体的变形规律。

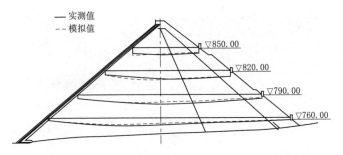

图 6.2　竣工期大坝沉降实测值与模拟值对比

6.2.4　震后沉降结果分析

　　永久变形结果表明，大坝在整体上向内体积收缩，沉降随坝高的增加而增加，体现了堆石体的剪缩特性，侧面反映了震后坝体未出现震散，整体密度增加，有利于大坝的稳定。震后实测沉降与数值计算对比如图 6.3 所示，计算位移值比实测值偏大，但基本接近，大坝坝顶沉降计算值为 946.3mm，与监测值 944.3mm 基本吻合，最大竖向应变发生在高程 840.00m 处，已有测点范围监测到最大沉降值在高程 850.00m 的坝轴线附近，由计算结果看出发生最大体缩的位置与最大竖向沉降的位置一致。这是由于此处围压和加速度都比较大，在高围压下堆石体反复剪切破碎，产生较大的体积变化。

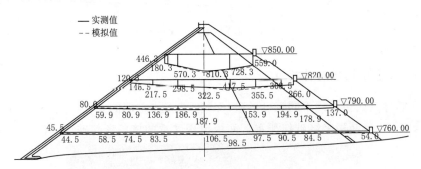

图 6.3　震后大坝沉降实测值与模拟值对比
（单位：高程以 m 计；其他数字以 mm 计）

6.2.5　震后下游坡面破坏分析

　　地震导致大坝坝顶附近的下游坡面石块局部松动并伴有向下滑移，如图 6.4 所示。由图 6.5D0＋251 剖面体应变场看出，坝顶高程 850.00m 以上区域出现体应变剪胀，这是因为坝顶区域围压相对较小，加速度较大，在低围压条件下，堆石料在反复剪切和相互翻越的过程中产生了剪胀，造成堆石体结构性破坏。在震动中坝体堆石料会沿坝坡滚落坍塌。

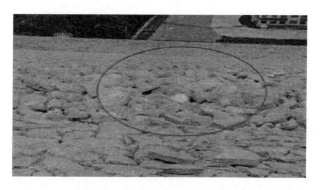

图 6.4 坝体下游坡面石块局部松动

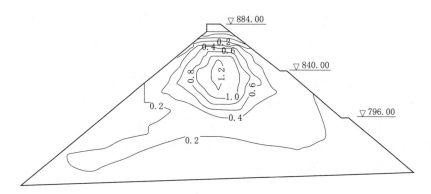

图 6.5 D0+251 剖面体应变场

6.2.6 面板挤压破坏分析

地震导致面板出现不同程度的破坏，位于坝体左端的 5～6 号面板和坝体中部的 23～24 号面板竖缝破坏严重，面板出现严重的挤压隆起破坏（图 6.6），凿

图 6.6 坝体上游面板挤压破坏

除受损坏混凝土后发现面板错台，面板中部受力筋呈 Z 形拉伸折曲，三期面板受力筋以下混凝土拉裂脱落，接触面混凝土破碎。由图 6.7 面板应力场分析可知，震后面板沿坝轴向应力最大值位于大坝顶部靠近坝体中央部位。地震作用下，堆石体从上游向下游以及从两岸向河床的变形，对面板产生坝轴向的摩擦力作用，导致面板坝轴向应力过大，此处的竖缝易发生挤压破坏，这与实际震害现象基本一致。

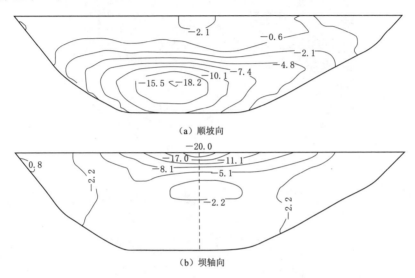

（a）顺坡向

（b）坝轴向

图 6.7　面板震后应力分布图（单位：MPa）

6.2.7　震后面板错台分析

845.00m 高程处二期与三期混凝土面板施工缝发生向上游方向的错台（图 6.8），最大错台值达 170mm，涉及 26 块面板，且部分混凝土面板与垫层间存在脱空现象。由错台附近体应变场（图 6.5）可以看出，坝坡出现剪胀现象，且此处的剪应变最大（图 6.9），可以看出造成错台的主要原因是剪应变过大，与孔宪京等[169] 观点一致。由剪应变计算原理分析可以看出，剪应变值与水位高度成正比，水位越高发生错台的位置也越高。由面板应力场看出，二期和三期施工缝处受到较大的顺坡向动拉应力，导致面板发生一定程度的破坏。由大坝水平向位移分布图看出震后三期面板与周围垫层料之间发生了相对滑移，最大滑移发生在坝顶，滑移量达 12.8cm。这是由于强震下大坝整体沉降等原因而产生较大的塑性变形，该变形对面板产生了向下的摩擦力，加之二期、三期面板施工缝处为薄弱部位且面板接缝为水平施工缝，从而导致面板在此处发生错台。为了研究施工缝方向对错台的影响，将二期、三期面板施工缝方向改为垂直于面板，通过有限元计算得到震后二期、三期面板施工缝处的错台量较小。为了能有效减轻强震时面板的错台现象，面板施工缝应采取适当措施：如改变面板施工缝的方向，增加施工缝处面板配筋，提高面板施工缝的抗剪强度等，均可以有效减轻面板的错台现象。

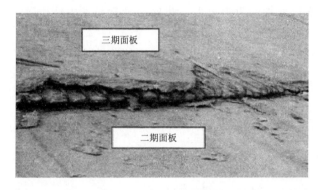

图 6.8　845.00m 高程处二期与三期混凝土面板施工缝错台

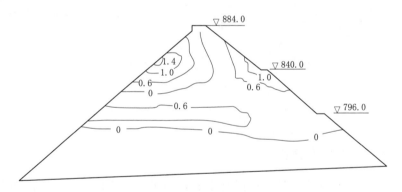

图 6.9　D0＋251 剖面剪应变场

6.3　高面板堆石坝在强震区的控制对策

作者对反应谱衰减指数对高土石坝的影响进行了定量分析，改进了有限断层法并运用该方法合成了"5·12"汶川地震中紫坪铺大坝的地震动输入，建立了考虑大坝-坝基-库水的相互作用的模型，通过有限元计算得到面板和坝体震后残余竖向应变、体应变、剪应变及下游坡面的残余应变，解释了大坝的一些震害现象，并提出了改善面板应力的综合抗震对策，其得到的主要结论如下：

（1）依据美国下一代地震动衰减关系（NGA）研究中 Abrahamson 和 Silva

的研究结果，建议坝高 120m 左右时，规范化的标准反应谱下降段的衰减指数 γ 取 0.6；在坝高 200～300m 之间时，规范化的标准反应谱下降段的衰减指数 γ 取 0.7。通过重建地震动输入能够更精确地描述主震时的加速度时程，从而重现大坝在强震中的表现，解释了地震后坝体震陷、面板错台等现象。

（2）对有效断层法的改进避免了拐角频率随破裂面积增加而下降的因素，采用该改进方法合成的地震动时程反映了"5·12"汶川地震多次破裂、持续时间长的特征，通过有限元模拟重现了大坝遭遇强震的过程，根据有限元计算结果可知坝体最大震陷发生在 2/3 坝高附近，大坝发生剪胀的区域在坝顶 1/3 以上，应加强该区域的抗震措施。面板水平施工缝错台的主要原因是堆石料残余剪应变过大，应改变施工缝方向或增加施工缝处面板配筋。

（3）运用人工蜂群算法优化 BP 神经网络的网络权值和阀值，建立 BP 神经网络永久变形参数反演模型，该优化方法提高了收敛的速度和预测的精度。通过分析紫坪铺大坝实测的永久变形竖向位移、面板水平施工缝错台的震害现象，验证了模型的实用性和准确性。

面板水平施工缝错台主要原因是堆石料残余剪应变过大，应改变施工缝方向或增加施工缝处面板配筋。

参 考 文 献

［1］ 杨泽艳，周建平，王富强，等. 中国混凝土面板堆石坝发展 30 年［J］. 水电与抽水蓄能，2017，3（1）：1-5，12.

［2］ 贾金生. 中国大坝建设 60 年［M］. 北京：中国水利水电出版社，2013.

［3］ 隋丽莉，Materón B. 混凝土面板堆石坝发展综述［J］. 科技传播，2010，2（23）：130-131，125.

［4］ 水利部建设与管理司. 中国高坝大库 TOP100［M］. 北京：中国水利水电出版社，2012.

［5］ 庞锐. 高面板堆石坝随机动力响应分析及基于性能的抗震安全评价［D］. 大连：大连理工大学，2019.

［6］ 水电水利规划设计总院. 深覆盖层地基上混凝土面板堆石坝关键技术研究［R］. 北京：水电水利规划设计总院，2004.

［7］ 战吉艳，陈国兴，刘建达，等. 远场大地震作用下大尺度深软场地的非线性地震效应分析［J］. 岩土力学，2013，34（11）：3229-3238.

［8］ Liao W I, Loh C H, Wan S. Earthquake responses of RC moment frames subjected to near-fault ground motions［J］. The structural design of tall buildings，2001，10（3）：219-229.

［9］ 胡聿贤. 地震工程学［M］. 北京：地震出版社，2006.

［10］ 顾淦臣. 土石坝地震工程［M］. 南京：河海大学出版社，1989.

［11］ 李洪，宋彦刚，由丽华，等. 5·12 汶川大地震对紫坪铺水利枢纽工程的影响及震后应急措施［C］//中国长江三峡集团公司，中国水电工程顾问集团公司，中国水利水电建设集团公司，等. 现代堆石坝技术进展：第一届堆石坝国际研讨会论文集. 北京：中国水利水电出版社，2009：7.

［12］ 党林才，方光达. 深厚覆盖层上建坝的主要技术问题［J］. 水力发电，2011，37（2）：24-28，45.

［13］ 郭兰春，王瑞骏，刘伟. 堆石料填筑标准对狭窄河谷面板堆石坝应力变形的影响研究［J］. 水资源与水工程学报，2014，25（5）：17-21.

［14］ 徐泽平. 混凝土面板堆石坝关键技术与研究进展［J］. 水利学报，2019，50（1）：62-74.

［15］ 陈厚群. 水工建筑物的场址设计反应谱［J］. 土木建筑与环境工程，2010，32（增刊
2）：184－188.

［16］ Biot M A. Transient oscillations in elastic systems［D］. Pasadena：California Institute
of Technology，1932.

［17］ Housner G W. Behavior of structures during earthquakes［J］. ASCE，1959，85（EM－4）.

［18］ Newmark N M，Blume J A，Kapur K K. Seismic design spectra for nuclear power plants
［J］. Journal of the power division，1973，99（2）：287－303.

［19］ Seed R B，Dickenson S E，Mok C M. Recent lessons regarding seismic response analysis
of soft and deep clay sites［C］//Proceedings from the fourth Japan－US workshop on
earthquake resistant design of lifeline facilities and countermeasures for soil liquefaction，
1992：131－45.

［20］ Bachman R E，Bonneville D R. The seismic provisions of the 1997 Uniform Building
Code［J］. Earthquake spectra，2000，16（1）：85－100.

［21］ Crouse C B，McGuire J W. Site response studies for purpose of revising NEHRP seismic
provisions［J］. Earthquake spectra，1996，12（3）：407－439.

［22］ Dobry R，Borcherdt R D，Crouse C B，et al. New site coefficients and site classification
system used in recent building seismic code provisions［J］. Earthquake spectra，2000，
16（1）：41－67.

［23］ Borcherdt R D. Empirical evidence for site coefficients in building code provisions［J］.
Earthquake spectra，2002，18（2）：189－217.

［24］ Somerville P G，Smith N F，Graves R W，et al. Modification of empirical strong ground
motion attenuation relations to include the amplitude and duration effects of rupture di-
rectivity［J］. Seismological research letters，1997，68（1）：199－222.

［25］ Abrahamson N. Effects of rupture directivity on probabilistic seismic hazard analysis
［C］//Proceedings of the 6th international conference on seismic zonation. CA：palm
springs，2000，1：151－156.

［26］ 刘恢先. 刘恢先地震工程学论文选集［M］. 北京：地震出版社，1994.

［27］ 陈达生. 关于地面运动最大加速度与加速度反应谱的若干资料［C］//中国科学院工程
力学研究所地震工程研究报告集（第二集）. 北京：科学出版社，1965：53－84.

［28］ 周锡元. 土质条件对建筑物所受地震荷载的影响［C］//中国科学院工程力学研究所地
震工程研究报告集. 北京：科学出版社，1965：21－41.

［29］ 章在墉，居荣初. 关于标准加速度反应谱问题［C］//中国科学院土木建筑研究所地震
工程报告集（第一集）. 北京：科学出版社，1965：17－35.

［30］ 陈达生，卢荣俭，谢礼立. 抗震建筑的设计反应谱［C］//地震工程研究报告集. 北京：

科学出版社，1977.

[31] 谢礼立，周雍年，胡成祥，等. 地震动反应谱的长周期特性 [J]. 地震工程与工程振动，1990，10（1）：1-19.

[32] 江近仁，陆钦年，孙景江. 强震运动加速度反应谱的统计特性 [J]. 世界地震工程，1988（2）：19-27.

[33] 翁大根，徐植信. 上海地区抗震设计反应谱研究 [J]. 同济大学学报（自然科学版），1993，21（1）：9-16.

[34] 俞言祥，胡聿贤. 关于上海市《建筑抗震设计规程》中长周期设计反应谱的讨论 [J]. 地震工程与工程振动，2000，20（1）：27-34.

[35] 李龙安，张金武，何友娣. 长周期结构的抗震设计反应谱的取值问题 [C]//现代地震工程进展. 南京：东南大学出版社，2002：381-388.

[36] 王亚勇，王理，刘小弟. 不同阻尼比长周期抗震设计反应谱研究 [J]. 工程抗震，1990（1）：38-41.

[37] 马东辉，李虹，苏经宇，等. 阻尼比对设计反应谱的影响分析 [J]. 工程抗震，1995（4）：35-40.

[38] 吴健，高孟潭. 场地相关设计反应谱特征周期的统计分析 [J]. 中国地震，2004，20（3）：263-268.

[39] 石树中，沈建文，楼梦麟. 基岩场地强地面运动加速度反应谱统计特性 [J]. 同济大学学报，2002，30（11）：1300-1304.

[40] 周雍年，周正华，于海英. 设计反应谱长周期区段的研究 [J]. 地震工程与工程振动，2004，24（2）：15-18.

[41] 于海英，周雍年. SMART-1台阵记录的长周期反应谱特性 [J]. 地震工程与工程振动，2002，（6）：8-11.

[42] 王君杰，范立础. 规范反应谱长周期部分修正方法的探讨 [J]. 土木工程学报，1998，31（6）：49-55.

[43] 陈厚群. 水工建筑物抗震设计规范修编的若干问题研究 [J]. 水力发电学报，2011，30（6）：4-10，15.

[44] 马宗晋，张德成. 板块构造基本问题 [M]. 北京：地震出版杜，1986.

[45] Abrahamson N，Atkinson G，Boore D，et al. Comparisons of the NGA ground-motion relations [J]. Earthquake spectra，2008，24（1）：45-66.

[46] Abrahamson N，Silva W. Summary of the Abrahamson & Silva NGA ground-motion relations [J]. Earthquake spectra，2008，24（1）：67-97.

[47] 李德玉. 反应谱衰减系数变化对拱坝动力反应的影响 [R]. 北京：中国水利水电科学研究院，2010.

[48] 李德玉. 反应谱衰减系数变化对重力坝动力反应的影响 [R]. 北京：中国水利水电科学研究院，2010.

[49] 迟世春. 不同高度面板堆石坝幅频反应的比较研究 [J]. 世界地震工程，2002，18（3）：6 - 9.

[50] 王海云. 近场强地震动预测的有限断层震源模型 [D]. 哈尔滨：中国地震局工程力学研究所，2004.

[51] 张冬丽，陶夏新，周正华，等. 近场地震动格林函数的解析法与数值法对比研究 [J]. 西北地震学报，2004，26（3）：199 - 205.

[52] Hartzell S H. Earthquake aftershocks as Green's functions [J]. Geophysical research letters，1978，5（1）：1 - 4.

[53] Irikura K，Miyake H. Prediction of strong ground motions for scenario earthquakes [J]. Journal of geography（chigaku zasshi），2001，110（6）：849 - 875.

[54] Katsanos E I，Sextos A G. Structure - specific selection of earthquake ground motions for the reliable design and assessment of structures [J]. Bulletin of earthquake engineering，2018，16：583 - 611.

[55] Boatwright J. The seismic radiation from composite models of faulting [J]. Bulletin of the seismological society of America，1988，78（2）：489 - 508.

[56] 金星，刘启方. 断层附近强地震动半经验合成方法的研究 [J]. 地震工程与工程振动，2002，22（4）：22 - 27.

[57] 李启成，景立平. 随机点源方法和随机有限断层方法模拟地震动的比较 [J]. 世界地震工程，2009，25（1）：6 - 11.

[58] 卢育霞，石玉成. 1988 年肃南地震近场地面运动的随机模拟 [J]. 岩石力学与工程学报 2003，22（增刊 2）：2794 - 2799.

[59] 石玉成，陈厚群，李敏，等. 随机有限断层法合成地震动的研究与应用 [J]. 地震工程与工程振动，2005，25（4）：18 - 23.

[60] Hanks T C，Mcguire R K. The character of high - frequency strong ground motion [J]. Bulletin of the seismological society of America，1981，71（6）：2071 - 2095.

[61] Brune J N. Tectonic stress and the spectra of seismic shear waves from earthquakes [J]. Journal of geophysical research，1970，75（26）：4997 - 5009.

[62] Brune J N. Seismic source dynamics，radiation and stress [J]. Reviews of geophysics，1991，29（增刊 2）：688 - 699.

[63] 王海云，陶夏新. 近场强地震动预测中浅源地震的 Asperity 模型特征 [J]. 哈尔滨工业大学学报，2005，37（11）：1533 - 1539.

[64] 王国新，史家平. 经验格林函数法与随机有限断层法在合成近场强地震动中的联合运

用［J］. 震灾防御技术，2008，3（3）：292 - 301.

［65］ 王国新，史家平. 近场强地震动合成方法研究及地震动模拟［J］. 东北地震研究，2008，24（2）：4 - 10.

［66］ Beresnev I A，Atkinson G. Stochastic finite - fault modeling of ground motions from the 1994 Northridge，California，earthquake，I. Validation on rock sites［J］. Bulletin of the seismological society of America，1998，88（6）：1392 - 1401.

［67］ Motazedian D，Atkinson G M. Dynamic corner frequency：a new concept in stochastic finite fault modeling［C］//Seismological Society of America Meeting. 2002：17 - 19.

［68］ Boore D M. Simulation of ground motion using the stochastic method［J］. Pure and applied geophysics，2003，160（3 - 4）：635 - 676.

［69］ Motazedian D，Atkinson G M. Stochastic finite - fault modeling based on a dynamic corner frequency［J］. Bulletin of the seismological society of America，2005，95（3）：995 -1010.

［70］ Somerville P，Irikura K，Graves R，et al. Characterizing crustal earthquake slip models for the prediction of strong ground motion［J］. Seismological research letters，1999，70（1）：59 - 80.

［71］ Miyake H，Iwata T，Irikura K. Source characterization for broadband ground - motion simulation：Kinematic heterogeneous source model and strong motion generation area［J］. Bulletin of the seismological society of America，2003，93（6）：2531 - 2545.

［72］ 郑天愉，姚振兴. 强震地面运动的理论地震学研究［J］. 地球物理学报，1992（1）：102 - 110.

［73］ Serff N，Seed H B，Makdisi F I，et al. Earthquake - induced deformations of earth dams［R］. Berkeley：University of California，1976.

［74］ 侯伟，蔡正银，周健，等. 基于模量软化法饱和粉砂永久剪切变形计算研究［J］. 岩石力学与工程学报，2015，34（增刊1）：3418 - 3423.

［75］ 顾淦臣，沈长松，岑威钧. 土石坝地震工程学［M］. 北京：中国水利水电出版社，2009.

［76］ Taniguchi E，Whitman R V，Marr W A. Prediction of earthquake - induced deformation of earth dams［J］. Soils and foundations，1983，23（4）：126 - 132.

［77］ 沈珠江，徐刚. 堆石料的动力变形特性［J］. 水利水运科学研究，1996，6（2）：143 - 150.

［78］ 王昆耀，常亚屏，陈宁. 往返荷载下粗粒土的残余变形特性［J］. 土木工程学报，2000，33（3）：48 - 53.

［79］ 孟凡伟. 沈珠江残余变形模型的改进及其应用研究［D］. 大连：大连理工大学，2007.

[80] 钱家欢，殷宗泽. 土工原理与计算 [M]. 2 版. 北京：中国水利水电出版社，2006.

[81] 顾冲时，吴中如. 综述大坝原型反分析及其应用 [J]. 中国工程科学，2001，3（8）：76－81.

[82] Sica S，Pagano L，Modaressi A. Influence of past loading history on the seismic response of earth dams [J]. Computers and geotechnics，2008，35（1）：61－85.

[83] 董威信，袁会娜，徐文杰，等. 糯扎渡高心墙堆石坝模型参数动态反演分析 [J]. 水力发电学报，2012，31（5）：203－207.

[84] 朱晟，杨鸽，周建平，等. "5·12" 汶川地震紫坪铺面板堆石坝静动力初步反演研究 [J]. 四川大学学报（工程科学版），2010，42（5）：113－119.

[85] 田强. 土石坝动力参数的反演算法研究 [D]. 大连：大连理工大学，2012.

[86] 练继建，王春涛，赵寿昌. 基于 BP 神经网络的李家峡拱坝材料参数反演 [J]. 水力发电学报，2004，23（2）：43－47.

[87] 李守巨，刘迎曦，王登刚，等. 基于神经网络的岩体渗透系数反演方法及其工程应用 [J]. 岩石力学与工程学报，2002，21（4）：479－483.

[88] 石敦敦，傅永华，朱暾，等. 人工神经网络结合遗传算法反演岩体初始地应力的研究 [J]. 武汉大学学报（工学版），2005（2）：73－76.

[89] 王晨，陈增强. 基于连续蚁群算法融合的神经网络 RFID 信号分布模型 [J]. 东南大学学报（自然科学版），2013，43（增刊1）：210－214.

[90] 李国勇，闫芳，郭晓峰. 基于遗传算法的灰色神经网络优化算法 [J]. 控制工程，2013，20（5）：934－937.

[91] 康飞，李俊杰，许青. 堆石坝参数反演的蚁群聚类 RBF 网络模型 [J]. 岩土力学与工程学报，2009，28（增刊2）：3639－3644.

[92] 马宗晋，杜品仁. 现今地壳运动问题 [M]. 北京：地震出版社，1995.

[93] Hall W J，Mohraz B，Newmark N M. Statistical studies of vertical and horizontal earthquake spectra [R]. Nathan M. Newmark Consulting Engineering Services，Urbana，Illinois，1975.

[94] Mohraz B. A study of earthquake response spectra for different geological conditions [J]. Bulletin of the seismological society of America，1976，66（3）：915－935.

[95] Newmark N M. Effects of earthquakes on dams and embankments [J]. Geotechnique，1965，15（2）：139－160.

[96] 廖振鹏. 地震小区划：理论与实践 [M]. 北京：地震出版社，1989.

[97] 王君杰，郭进. 多点地震动激励下的高效反应谱方法 [J]. 地震学报，2022，44（5）：810－823.

[98] Clough R W，Penzien J. Dynamics of Structures [M]. New York：McGraw－Hill：40－43.

［99］ 胡聿贤，周锡元. 弹性体系在平稳和平稳化地面运动下的反应 ［M］. 北京：科学出版社，1962：33 - 50.

［100］ 胡聿贤，周锡元. 在地震作用下结构反应振型组合的合理方法 ［M］. 北京：科学出版社，1965：18 - 26.

［101］ Gutenberg B，Richter C F. Magnitude and energy of earthquakes ［J］. Nature，1955，176（4486）：795 - 795.

［102］ Gutenberg B，Richter C F. Earthquake magnitude，intensity，energy，and acceleration：Second paper ［J］. Bulletin of the seismological society of America，1956，46（2）：105 - 145.

［103］ Abrahamson N，Silva W. Abrahamson & Silva NGA ground motion relations for the geometric mean horizontal component of peak and spectral ground motion parameters ［R］. PEER Report Draft v2，Pacific Earthquake Engineering Research Center，Berkeley，CA，2007：380.

［104］ Boore D M，Atkinson G M. Ground - motion prediction equations for the average horizontal component of PGA，PGV，and 5% - damped PSA at spectral periods between 0.01 s and 10.0 s ［J］. Earthquake spectra，2008，24（1）：99 - 138.

［105］ Campbell K W，Bozorgnia Y. NGA ground motion model for the geometric mean horizontal component of PGA，PGV，PGD and 5% damped linear elastic response spectra for periods ranging from 0.01 to 10 s ［J］. Earthquake spectra，2008，24（1）：139 - 171.

［106］ Chiou B S J，Youngs R R. An NGA model for the average horizontal component of peak ground motion and response spectra ［J］. Earthquake spectra，2008，24（1）：173 - 216.

［107］ Idriss I M. An NGA empirical model for estimating the horizontal spectral values generated by shallow crustal earthquakes ［J］. Earthquake spectra，2014，24（1）：217 - 242.

［108］ Walling M，Silva W，Abrahamson N. Nonlinear site amplification factors for constraining the NGA models ［J］. Earthquake spectra，2008，24（1）：243 - 255.

［109］ Choi Y，Stewart J P. Nonlinear site amplification as function of 30 m shear wave velocity ［J］. Earthquake spectra，2005，21（1）：1 - 30.

［110］ Goulet C A，Kishida T，Ancheta T D，et al. PEER NGA - east database ［J］. Earthquake spectra，2021，37（1_suppl）：1331 - 1353.

［111］ Campbell K W，Bozorgnia Y. Campbell - Bozorgnia NGA ground motion relations for the geometric mean horizontal component of peak and spectral ground motion parameters [M]. Pacific Earthquake Engineering Research Center, 2007.

[112] Chiou B S J. Chiou and Youngs PEER – NGA empirical ground motion model for the average horizontal component of peak acceleration and pseudo – spectral acceleration for spectral periods of 0.01 to 10 seconds [R]. PEER Report Draft, Pacific Earthquake Engineering Research Center, Berkeley, CA, 2006.

[113] Idriss I M. Empirical model for estimating the average horizontal values of pseudo – absolute spectral accelerations generated by crustal earthquakes [R]. PEER Report draft, Pacific earthquake engineering research center, Berkeley, CA, 2007: 76.

[114] Motazedian D, Atkinson G M. Stochastic finite – fault modeling based on a dynamic corner frequency [J]. Bulletin of the seismological society of America, 2005, 95 (3): 995 – 1010.

[115] Mir R R, Parvez I A. Ground motion modelling in northwestern Himalaya using stochastic finite – fault method [J]. Natural hazards, 2020, 103 (2): 1989 – 2007.

[116] 张翠然, 陈厚群. NGA 衰减关系应用于重大水电工程抗震设计的可行性探讨 [J]. 水利水电技术, 2010, 41 (3): 41 – 45.

[117] 邹德高, 周扬, 孔宪京, 等. 高土石坝加速度响应的三维有限元研究 [J]. 岩土力学, 2011, 32 (增刊 1): 657 – 661.

[118] 刘启方, 袁一凡, 金星, 等. 近断层地震动的基本特征 [J]. 地震工程与工程振动, 2006, 26 (1): 1 – 10.

[119] 周红. 基于 NNSIM 随机有限断层法的 7.0 级九寨沟地震强地面运动场重建 [J]. 地球物理学报, 2018, 61 (5): 2111 – 2121.

[120] Yu R F, Hu X and Wen R Z. Preface to the special issue on ground motion input at dam sites and reservoir earthquakes [J]. Earthq Sci, 2022, 35 (5): 311 – 313.

[121] 卢育霞, 石玉成. 三危山断层近场地震动对敦煌莫高窟的影响研究 [J]. 西北地震学报, 2004, 26 (3): 260 – 265.

[122] 孙晓丹, 李鑫, 陈翔, 等. 达尔布特断裂地震动场估计的有限断层震源模型 [J]. 自然灾害学报, 2019, 28 (1): 96 – 106.

[123] 王海云, 李强. 震后近断层地震图的快速产出研究: 以 2022 年 1 月 8 日青海门源地震为例 [J]. 世界地震工程, 2022, 38 (2): 1 – 9.

[124] 钟菊芳, 袁峰. 震源参数对合成时程持时的影响分析 [J]. 防灾减灾工程学报, 2019, 39 (5): 733 – 747.

[125] 林德昕, 马强, 陶冬旺, 等. 随机有限断层法的俯冲带板内地震动模拟 [J]. 哈尔滨工业大学学报, 2023, 55 (10): 1 – 13.

[126] Wang T, Shen Y, Xie X, et al. Ground – motion simulation using stochastic finite – fault method combined with a parameter calibration process based on historical seismic

data [J]. Natural hazards, 2022, 114 (3): 1 – 20.

[127] 俞瑞芳, 张翠然, 张冬锋, 等. 基于近场发震构造最大可信地震的坝址设计参数综合评价 [J]. 土木工程学报, 2022, 55 (3): 117 – 128.

[128] 张勇, 许力生, 陈运泰. 2008 年汶川大地震震源机制的时空变化 [J]. 地球物理学报, 2009, 52 (2): 379 – 389.

[129] 赵翠萍, 陈章立, 周连庆, 等. 汶川 M_w 8.0 级地震震源破裂过程研究: 分段特征 [J]. 科学通报, 2009, 54 (22): 3475 – 3482.

[130] 华卫, 陈章立, 郑斯华. 2008 年汶川 8.0 级地震序列震源参数分段特征的研究 [J]. 地球物理学报, 2009, 52 (2): 365 – 371.

[131] 张勇, 冯万鹏, 许力生, 等. 2008 年汶川大地震的时空破裂过程 [J]. 中国科学: 地球科学, 2008, 38 (10): 1186 – 1194.

[132] 程万正, 陈学忠, 乔慧珍. 四川地震辐射能量和视应力的研究 [J]. 地球物理学进展, 2006, 21 (3): 692 – 699.

[133] 章根德. 土的本构模型及其工程应用 [J]. 北京: 科学出版社, 1995.

[134] 沈启鹏, 吴道祥, 胡雪婷, 等. 基于应力应变曲线类型的邓肯张模型修正 [J]. 合肥工业大学学报 (自然科学版), 2017, 40 (9): 1264 – 1268.

[135] 温勇, 杨光华, 汤连生, 等. 基于广义位势理论的土的数值弹塑性模型及其初步应用研究 [J]. 岩土力学, 2016, 37 (5): 1324 – 1332.

[136] Duncan J M, Chang C Y. Nonlinear analysis of stress and strain in soils [J]. Journal of the soil mechanics and foundations division, ASCE, 1970, 96 (5): 1629 – 1653.

[137] 赵晓龙, 朱俊高, 王平. 两种本构模型的土石坝应力变形分析比较 [J]. 中国农村水利水电, 2018 (1): 165 – 169, 173.

[138] Goodman R E, Taylor R L, Brekke T L. A model for the mechanics of jointed rock [J]. Journal of soil mechanical and foundation, ASCE, 1968, 99 (5): 637 – 660.

[139] Desai C S, Drumm E C, Zaman M M. Cyclic testingand modeling of interfaces [J]. International journal of geomechanics, ASCE, 1985, 116 (6): 793 – 815.

[140] Hatchell P, Bourne S. Rocks under strain Strain – induced time – lapse time shifts are observed for depleting reservoirs [J]. Leading edge, 2005, 24 (1): 1222 – 1225.

[141] Seed H, Seed R B, Lai S S, et al. Seismic design of concrete face rock fill dam S [C]//Concrete faced rock fill dams: design, construction and performance. ASCE, 1985.

[142] Bureau G, Volpe R L, Roth W H, et al. Seismic analysis of concrete face rock fill dams [C]//Concrete face rockfill dams: design, construction and performance. ASCE, 2015.

[143] 顾淦臣，张振国. 钢筋混凝土面板堆石坝三维有限元动力分析 [J]. 水力发电学报，1988，20 (1)：26 - 31.

[144] 王振华，马宗源，党发宁. 等效线性和非线性方法土层地震反应分析对比 [J]. 西安理工大学学报，2013，29 (4)：421 - 427.

[145] 迟世春. 高面板堆石坝动力反应分析和抗震稳定分析 [D]. 南京：河海大学，1995.

[146] 赵剑明，常亚屏，陈宁. 加强高土石坝抗震研究的现实意义及工作展望 [J]. 世界地震工程，2004，20 (1)：95 - 99.

[147] 陈生水，沈珠江. 强震区域土石坝地震永久变形的计算 [J]. 河海大学学报，1990 (2)：117 - 120.

[148] 费康，张建伟. ABAQUS 在岩土工程中的应用 [M]. 北京：中国水利水电出版社，2010.

[149] 富宇，李倩，刘澎. 改进的 BP 神经网络算法的研究与应用 [J]. 计算机与数字工程，2019，47 (5)：1037 - 1041.

[150] 徐芳元. 基于 BP 神经网络的桥梁健康状况评定 [M]. 西安：长安大学出版社，2001.

[151] Karaboga D. An idea based on honey bee swarm for numerical optimization [D]. Turkey：Erciyes University，2005.

[152] Karaboga D，Basturk B. On the performance of artificial bee colony（ABC）algorithm [J]. Applied computing soft，2008，8 (1)：687 - 697.

[153] 林剑，赵龙，徐剑，等. 基于混沌人工蜂群算法的色彩量化方法 [J]. 杭州电子科技大学学报，2011，31 (3)：70 - 73.

[154] 高卫峰，刘三阳，姜飞，等. 混合人工蜂群算法 [J]. 系统工程与电子技术，2011，33 (5)：1167 - 1170.

[155] 胡珂. 基于人工蜂群算法在无线传感网络覆盖优化策略中的应用研究 [D]. 成都：电子科技大学，2012.

[156] 拓守恒. 群智能优化算法及在复杂疾病关联分析中的应用研究 [D]. 西安：西安电子科技大学，2017.

[157] 毕晓君. 基于智能信息技术的纹理图象识别与生成研究 [D]. 哈尔滨：哈尔滨工程大学，2006.

[158] Marinakis Y，Marinaki M，Matsatsinis N. A hybrid discrete Artificial Bee Colony - GRASP algorithm for clustering [C]//2009 International Conference on Computers & Industrial Engineering，Troyes，France，2009：548 - 553.

[159] 史小露. 粒子群和人工蜂群混合算法的研究与应用 [D]. 江西：南昌航空大学，2013.

［160］ 黄玲玲. 最优化若干问题的研究［D］. 郑州：郑州大学，2008.

［161］ 侯丽萍，石磊. 一种新型混合遗传算法及其应用［J］. 科技通报，2012，28（5）：159-162，166.

［162］ 杨林德，朱合华，黄伟，等. 岩土工程问题的反演理论与工程实践［M］. 北京：科学出版社，1996.

［163］ 中国水电工程顾问集团成都勘测设计研究院. 四川省岷江紫坪铺水利枢纽混凝土面板堆石坝工程监测简报："5·12"汶川8.0级地震［R］. 成都：中国水电工程顾问集团成都勘测设计研究院，2008.

［164］ 朱晟，杨鸽，周建平，等."5·12"汶川地震紫坪铺面板堆石坝静动力初步反演研究［J］. 四川大学学报（工程科学版），2010，42（5）：113-119.

［165］ 陈厚群，徐泽平，李敏. 汶川大地震和大坝抗震安全［J］. 水利学报，2008，39（10）：1158-1167.

［166］ 宋胜武，蔡德文. 汶川大地震紫坪铺混凝土面板堆石坝震害现象与变形监测分析［J］. 岩石力学与工程学报，2009，28（4）：840-849.

［167］ 沈珠江. 岩土本构模型研究的进展：1985—1988年［J］. 岩土力学，1989，10（2）：3-13.

［168］ 刘小生，王钟宁，汪小刚，等. 面板坝大型振动台模型试验与动力分析［M］. 北京：中国水利水电出版社，2005.

［169］ 孔宪京，张宇，邹德高. 高面板堆石坝面板应力分布特性及其规律［J］. 水利学报，2013，44（6）：631-639.